明道 —— 著

博弈论

台海出版社

图书在版编目（CIP）数据

博弈论 / 明道著 . -- 北京：台海出版社，2024.1
ISBN 978-7-5168-3744-3

Ⅰ . ①博… Ⅱ . ①明… Ⅲ . ①博弈论—通俗读物
Ⅳ . ① O225-49

中国国家版本馆 CIP 数据核字（2023）第 235700 号

博弈论

著　　者：明　道

出 版 人：蔡　旭　　　　　　　　　封面设计：尚世视觉
责任编辑：魏　敏

出版发行：台海出版社
地　　址：北京市东城区景山东街 20 号　　邮政编码：100009
电　　话：010-64041652（发行，邮购）
传　　真：010-84045799（总编室）
网　　址：www.taimeng.org.cn/thcbs/default.htm
E－m a i l：thcbs@126.com

经　　销：全国各地新华书店
印　　刷：三河市祥达印刷包装有限公司
本书如有破损、缺页、装订错误，请与本社联系调换

开　　本：710 毫米 ×1000 毫米　　1/16
字　　数：170 千字　　　　　　　　印　　张：11.5
版　　次：2024 年 1 月第 1 版　　　印　　次：2024 年 1 月第 1 次印刷
书　　号：ISBN 978-7-5168-3744-3

定　　价：59.80 元

提到博弈，很多读者一头雾水，也许首先会想到这是从赌博或棋类竞技中衍生的概念，接着便会联想到那宛如天书的公式与图表，那晦涩难懂的概念和术语，一个个复杂的理论模型，一种种与生活毫不沾边的理性假定，一个个把你绕到云里雾里的实验……这是对博弈论了解不深所致。

对博弈论的研究虽然只有不到百年的历史，但人类的博弈行为却已进行了几千年，而且只要人类存在，人与人之间的博弈就会进行下去。从这个意义上来说，每个人从生下来第一声啼哭就开始了在世间的博弈，博弈行为贯穿人类生命的始终，因此，我们说博弈论是每个人都离不开的一门学问，无论你是否系统地学习过博弈论，实际上你每天都会有意无意地用到其中的原理与方法。

人生是一个大舞台，我们时刻都在扮演着不同的角色，但不管扮演什么角色，我们都免不了与他人产生交集，发生利益关系甚至竞争，由此便产生了博弈。博弈的过程就是选择策略的过程，不同的策略选择会出现不同的结果，这就是博弈能够带给大家的乐趣，让我们在生活中发现更多的精彩吧。

著名经济学家保罗·萨缪尔森说："要想在现代社会中做一个有文化的人，必须对博弈论有一个大致了解。"作为一种关乎选择和决策的理论，博弈论中的许多例子是与日常生活分不开的，它们相互影响和补充。不论是小孩子玩"石头剪子布"，还是江湖豪客的性命相搏；不论是经济战争，还是军事战争；不论是运动场上的竞技，还是亿万年来在生物圈内演义的生存竞争，大到一国，小到一人，重到一决生死，轻到为博一笑，各种博弈都遵循着共同的思路。

理解博弈，运用博弈，会使我们在生活中更加游刃有余。为了实现利益的最大化，一定要学习博弈论的精髓，做好利益的分割，达到最好的结果。这是我们必须了解、学习博弈的根本原因。

之所以要向读者讲一些博弈中最粗浅的知识，一则是因为有趣，通过阅读本书，你会发现听起来有些高深莫测的"博弈论"，原来是这样的有意思；二则是因为实用，你会发现掌握了博弈的一些基本原理后，你的思维方法会随之改变，以前在你看来百思不得其解的问题或生活中见怪不怪的现象，都可以从里面找到答案——比如为什么大学的恋人毕业了就说分手？甜蜜的小两口除夕夜去谁家过年？危难当头，为什么人会本能地逃跑？狭路相逢，往前冲与向后退孰得孰失？孩子因为要求没有被满足而哭闹，父母该不该妥协？竞争中实力弱小就一定处于劣势吗？有没有可能通过"搭便车"或"坐山观虎斗"来赢得最终的胜利？有些人为的安排可以让你在谈判中占尽先机？背水一战、破釜沉舟为什么能够取得战争的胜利……

总之，生活有无限种可能，也有无限种状况，没有任何一本书能穷尽生活中的各种可能。但是通过阅读本书你会发现，同样是一件事情，如果采用博弈论中所说的"策略性思维之道"，许多难题会迎刃而解，而且也会获取更多的收益。

需要告诉读者的是，不要把博弈论看成一门艰深的学问，实际上它很有趣味，很有意义。你眼前的这本书就充分地证明了这一点。这是一本不需要任何经济学或数学基础就能轻松阅读的书；你会觉得它很有意思，随便翻开哪一页都能意兴盎然地读下去；很实用，实用到你觉得学习了这里面的博弈常识，你的思维方式就起了"革命性"的变化，对一些事情的认识、理解及处理方式的选择有"豁然开朗"之感；同时你会对博弈论产生一定的兴趣，甚至觉得通过本书了解博弈论还有些"不过瘾"，想自己再搜寻一些更深、更全面的博弈论论著进行系统的学习。

当然，以上这些话，你也可以看作是作者跟你之间一个小小的博弈。是否愿意翻看或者购买本书，你会如何做出选择呢？

C O N T E N T S
目 录

2005 年因博弈论而获得诺贝尔经济学奖的罗伯特·约翰·奥曼教授，将博弈定义为策略性的互动决策。无论是下围棋、赌博还是为谋取利益而进行竞争，其实质都是在做策略性的互动决策。假如你是一个理性的人，你在考虑自己做何决策时，一定会考虑其他的当局者会选择什么样的决策。

　　实际上，每个博弈者在决定采取何种行动时，都会考虑他的决策行为可能对其他人造成的影响，以及其他人的反应行为可能带来的后果，通过选择最佳行动计划，来寻求收益或效用的最大化。因此，对博弈论通俗的理解就是：它是关于人与人"斗心眼儿"的学问，是如何在斗争中让自己更加"老谋深算"，从而立于不败之地的学问。

第一章

博弈论
让你成为生活中的赢家

心理博弈无处不在

每天清晨，当人们踏进菜市场的那一刻，博弈其实已经开始了。在挑选青菜时，一些家庭主妇总爱挑拣新鲜的，还要把枯黄的叶子揪掉；而卖菜的小贩就会极力劝阻："大哥大姐啊，那些都能吃，不是坏，是缺水了，别挑了，每把菜上都有……"买菜的为了挑到满意的菜，卖菜的为了卖出更多的菜，双方不断调和，最终达成一致，这也是个博弈的过程。

生活中，博弈无处不在，只是人们没有把自己的日常经历理解成一种博弈。其实很多平凡的事情，甚至是某一刻的一个心理活动，都可以用博弈论来进行解释。比如，热恋时期的男女时刻都在进行着博弈。

假设有这样一对热恋中的情侣，A 先生和 B 女士，他们都是工作繁忙的白领阶层，星期五晚上好不容易有时间，于是约好下班后来一场浪漫的约会。但是在去看电影还是去听音乐剧的问题上，两人产生了分歧。A 先生想看电影，因为他最喜欢的一部科幻片正好上映，他很希望女友能了解自己的喜好，加深思想层面的沟通。但 B 女士对电影的兴趣不大，她更喜欢听音乐剧，因为她从小生长在一个音乐世家，父母都是音乐老师，她希望男友能认可自己的兴趣爱好。两人都想说服对方听从自己的安排，因此一顿饭吃了一个多小时，大部分时间都在讨论是去看电影还是去听音乐剧。

如果 A 先生同意 B 女士的安排，去看音乐剧，他做出了妥协，博弈的结果是 B 女士胜利了，她获得的满意度自然较高；如果 B 女士做出了妥协，去看电影，那么 A 先生获得的满意度自然较高。倘若两人中的任何一方都愿意退让一步，那么两人约会的结果能处于一个平衡的状态，但若两人的个性都比较强势，那么两人约会的满意度会比各自单独活动要低。试想一下，哪种博弈结果是比较合意的呢？其实，如果两人能在约会之前拟定一个彼此都能接受的规则，如今天由女士决定约会地点，明天由男士决定约会地点，或者用猜拳或其他游戏来确定选择，两人的满意度会更高。

任何一个博弈者为了获得最大利益，都免不了与他人形成竞争关系，最终达到双方的均衡。可能有人怀疑，朋友之间、亲人之间怎么会存在利益之争？这里的"利益"，不单指具体的钱财，也可以是心理上的满足，或者是其他的目的。

其实，在没有创立博弈论的时候，人们已经不自觉地进行博弈了。虽说有了博弈论，懂得此论的人也不见得总是赢家，但是为了做出正确的选择，或者与他人更好地合作，人们应该学习一点博弈论。

博弈，是一种非常重要的交际工具。在社会交往中，懂得博弈，就可以与他人更好地进行协作，也可以赢得好人缘；在处世中懂得博弈，能够将我们的利益最大化。博弈的智慧是从生活中提炼，再反过来应用到生活之中，只要掌握了博弈的技巧，生活其实就可以变得简单。

在为人处世中尽量多掌握博弈的一些原理和方法，会使你对生活的驾驭能力变得更强。在竞争激烈的社会环境中，懂得博弈的技巧，会让你的思路变得更加开阔，处事的失误也会随之减少，办事效率大大提高，那么成功的概率也自然变大。

有关博弈的理论看起来深不可测，其实中心思想很容易理解。博弈论主要研究人们如何利用决策来应对或改变对方的决策，并使用决策来博得最大利益，或者达到共赢的结果。每个人都是博弈者，当我们面对一件事时，头脑中会浮现出自己想要的结果，然后根据这个目标来决定采取何种行动，决定采用何种方法和策略，不但要根据自身的利益和目的行事，还应当考虑到自己的决策行为对其他人产生的影响，以及其他人反应行为的可能后果。考虑得越周全，越能够调动前瞻性思维的人，在博弈中胜出的概率越大，因为他们能通过选择最佳行动计划，来寻求最好的结果。

博弈论启示

在现实生活中，人与人之间的相处与行事，都是一场场博弈。博弈不仅是一种智慧，更是一种生存法则。进行博弈，意味着人们要通过选择合适的策略取得合意的结果，在这个过程中，博弈者的最佳策略是最大限度地利用游戏规则。而无论是社会的最佳策略，还是个人的最佳策略，一旦开始博弈，博弈者就应当寻找规则和规律，掌握对自己有利的策略，最大限度地赢得胜利。

人的理性是博弈的前提

博弈论中，有一个基本的假定就是，所有的博弈参与者都是理性的。通俗地讲就是，大家都是明白人，谁也不比谁更傻，你想到的别人也想到了，而别人想到的你也能想得到。

在博弈中，"所有的人都是理性的"在经济学上叫作"理性经济人"。所谓"理性经济人"原本是西方经济学的一个基本假设，即假定人都是利己的，而且在面临两种以上选择时，总会选择对自己更有利的方案。西方经济学鼻祖亚当·斯密认为，人只要做"理性经济人"

就可以了，因为"如此一来，他就好像被一只无形之手引领，在不自觉中对社会的改进尽力而为。在一般的情形下，一个人为求私利而无心对社会做出贡献，其对社会的贡献远比有意图做出的大"。

而博弈论中的"理性经济人"，则是指博弈的参与者都是绝对理性的，其参与博弈的根本目的就是通过理性的决策，使自己的收益最大化。也就是在环境已知的条件下，采取一定的行为，使自己获得最大的收益（在博弈论中称为"最优反应"）。在博弈论中，尽管个人收益不仅由自己的战略选择与市场状况决定，更为重要的是，参与者要考虑到其他理性参与者会采取的决策，于是每个人都将面临复杂的情况。即便如此，我们仍然可以把理性条件下的战略选择看作数学问题，以决策者的收益最大化为目标。因此，博弈论中的一些理论模型，只有在"参与者是理性经济人"这一条件下，才会将作用发挥到最大。

有一种批评博弈论的观点认为，理论上的博弈需要太高的计算理性，这几乎是一个不近现实的要求，因为博弈论所要求的完美计算能力或推理能力是绝大多数人所不具备的。譬如下围棋，每个人的水平都不一样，不可能人人都能达到专业九段的水准。此外，人的精力与时间总是有限的，人不可能具有完全的理性。

在现实生活中，人们做决策时的理性也是有限的，因为人在做一个决定前，不可能掌握所有的知识和信息。而且搜集知识和信息也是需要成本的，有时甚至还会为此付出大量的时间与金钱。因此，企图搜集所有信息以做出收益最大化的决策，有时反而是最不理性的。

比如玩抛硬币打赌游戏，当玩过了第一次之后，又被问到是否重新来一次的时候，大部分人的回答完全取决于他们是否赢了第一次。然而，如果在第一次的结果出现之前就决定是否再来一次的话，大部分人都不愿再玩。这种行为的思考模式是，如果第一次的结果已知，赢的人就会认为在第二次打赌中不会损失什么，输的人便会将希望寄托在下一次打赌中。但是如果第一次结果未知，双方都没有足够的理由来玩第二次。

如果人们完全具有理性心理，就意味着人们对每个选择的确切后果都有完全的了解。但是事实上，一个人对自己的行动条件的了解，从来都只是零碎的。当然，从另一方面来说，人们的精力和时间永远是有限的，人不可能具有完全理性，不可能掌握所有的知识和信息。意图掌握自己想知道的所有信息，本身就是不理性的行为。

既然人的理性是有限的，那么是否就可以认为博弈毫无用武之地呢？答案当然是否定的。且不说对一些复杂的计算我们可以通过电脑来完成，更重要的是，博弈论提供的是策略思维的习惯与方法，即便是计算能力很糟糕的人也会因其利益而磨砺其策略技巧，并从自己和他人的经验中逐步学习。比如一个赌场高手，他很可能没有学过数学，更不知道什么是博弈论，但是他通过赌场上其他人已经打出的牌，根据每个人在赌局中所说的话、脸上的表情，能大致估算出每个参与者的手里可能握有什么样的牌，他打出什么样的牌不至于输掉赌局。这会使得他每出一张牌都像精心算计过的一样，因此他极少失误。

博弈论启示

从长期的策略竞争中最终获胜的人，他的策略行动一定符合理性的"最优反应战略"。尽管他本人可能从来没有学过博弈论，也不知道什么叫博弈，但长期以来积累的经验告诉了他该如何做出策略选择。这就如同鱼儿不懂得浮力定律，但这并不会妨碍鱼儿在水中游动一样。尽管事实上参与博弈的人不一定具有完美理性，但却可以在博弈中磨炼自己的完美理性，从而使自己的行动越来越符合"理性经济人"的要求。

博弈论就是教你"策略化思维"

2005 年诺贝尔经济学奖授予了美国纽约州立大学斯坦尼分校经济系和决策科学院教授、具有以色列和美国双重国籍的罗伯特·奥曼以及美国人托马斯·C.谢林。理由是这两位经济学家利用博弈论理论研究人与人、国与国之间的冲突或合作关系产生的原因,"加深了我们对冲突与合作的理解"。这是近十多年来博弈论及其应用研究的学者第六次荣获诺贝尔经济学奖。

博弈论如此备受宠爱,关键在于其深厚的现实基础及其对现实问题的解释。比如,国家利益冲突和国内社会矛盾激烈化,为博弈论的应用和发展提供了现实基础;博弈论充分体现了整体方法论,它提供了一套研究利益冲突与合作的方法;博弈论与辩证法紧密相连,进一步演绎和发展了辩证逻辑;博弈论的应用使人们对经济运行过程的理解更贴近现实;等等。但对于大多数读者,尤其是对经济学、数学不太了解的读者而言,学习博弈论的好处在于,它能教会你"策略化思维"。

让我们来看下面的例子:

公元前 203 年,是楚汉相争的第三个年头,两军在广武对峙。当时项羽粮少,欲求速胜,于是隔着广武涧冲着刘邦喊话:"天下匈匈数岁者,徒为吾两人矣。愿与汉王挑战,决雌雄,勿徒苦天下之民父子为也。"意思是,天下战乱纷扰了这么多年,都是因为我们两个人的缘故,现在咱俩"单挑"以决胜负,免得让天下无辜的百姓跟着咱们受苦。面对项羽的挑战,刘邦是如何应答的呢?"汉王笑谢曰:'吾宁斗智,不能斗力!'"就是说,我跟你比的是策略,而不是跟你比谁的武功更高、力气更大。

比起项羽,刘邦显然更具有策略性思维,也就是说,刘邦的想法更符合博弈论。因为现实生活中的很多对抗局势，其胜负主要取决于身体素质或运动技能，如百米赛跑、跳高比赛、公平决斗等，要在这些对抗局势中获胜，你只需要锻炼身体技能就可以了。这样的对抗局势虽然也可纳入博弈论的研究范畴，但是这些绝非博弈论研究者最感兴趣的话题。在更多的对抗局势中，其胜负很大程度甚至完全依赖于谋略技能。比如一场战争的胜负，往往取决于双方的战略和战术，而不是哪一方的统帅体力更好，武功更高。要在这样的对抗局势中获胜，你需要锻炼的是谋略技能，也就是上文刘邦所说的"吾宁斗智，不能斗力"。众所周知，楚汉相争的结局是刘邦赢得了天下，而项羽兵败自刎而死。"斗智"是博弈论研究者深深感兴趣的，也是我们学习博弈论能够有所收获的。

在人生的竞技场中，渴望成功是每个人的天性。所以，人们一直努力磨砺竞争的技巧，并希望寻找到成功的法则。虽然事实上没有什么法则可以确保人们绝对成功——就像世界上从来不存在真正的"常胜将军"一样，但是竞争的技巧可以通过磨砺而来，也可以从学习中掌握。它虽然不能使一个人永远立于不败之地，但可以改善一个人在竞争中的处境，增加获得成功的机会——即使是失败，人们也力求将失败的损失降到最低，这也是为什么人们更愿意接受损兵折将的结果，而不愿看到一败涂地的局面。而学习博弈论——即学习策略性的思维之道，恰恰可以满足人们获取成功、避免失败的心理需求。也就是说，博弈论将提供必要的知识工具，让你在博弈中的利益最大化。

博弈论启示

博弈论并非多么高深的理论，经过了几十年的研究，已经从科学研究变成了一条条浅显的道理。人们在生活中遇到的问题，也都可以从博弈中找到答案。有些人之所以抱怨生活复杂，其实就是因为不懂得博弈理论。不能在博弈中寻找最佳策略，也就不能很好地驾驭生活。

损人利己的零和博弈不可取

我们都玩过扑克牌，现在就请大家玩一下扑克牌对色游戏。A、B 两个参与者，每人从自己的扑克牌中抽一张出来，一起翻开。如果颜色相同，A 输给 B 一元钱；如果颜色不同，则 A 赢 B 一元钱。我们把"大王"和"小王"从扑克牌取出，以确保一副扑克牌中只有红和黑两种颜色。所以，每个参与者的策略都只有两个：一是出红，二是出黑。

在这个游戏中，如果赢得一元钱用 1 来表示，输掉一元钱用 –1 表示，那么让我们来分析一下可能出现的结果：A 出红 B 也出红，颜色相同，A 输掉一元钱，得 –1，B 赢得 1 元钱，得 1；A 出红 B 出黑，颜色不同，A 赢 1 元钱，得 1，B 输掉一元钱，得 –1；A 出黑 B 出红，颜色不同，A 得 1，B 得 –1；A 出黑 B 也出黑，颜色相同，A 得 –1，B 得 1。

我们发现，在这场博弈中，每一对局之下博弈的结果不外乎 A 输一元钱 B 赢一元钱，或者 A 赢一元钱 B 输一元钱，每一对局中，一人收益意味着另一人的损失，而两人支付的和总是为零，我们把这样的博弈称为"零和博弈"。

在零和博弈中，一方赢则另一方输，但几次博弈下来如果双方输赢情况相等，则财富在双方间不发生转移。

社会的方方面面都存在"零和博弈"的现象，胜利者荣光的背后往往是失败者的眼泪。然而，随着经济的发展、科技的进步和全球一体化的加强，"零和博弈"观念逐渐被"正和博弈"观念所取代。人们开始意识到"利己"不一定要建立在"损人"的基础上。通过合作，"利己不损人""利人利己"的局面都是可以实现的。

在自己获取利益的同时，能够不损害别人的利益，甚至还能给对手留下足够的利润空间，昔日的竞争对手不但不会对你打击报复，反而会因为你明智的举动成为你今后的合作伙伴。可见，博弈的智慧在人际交往中也是相当适用的。

刘邦曾说：论兴邦治国，他不及张亮、萧何；论带兵打仗，他不及韩信。尽管种种才能都不及他人，但他从未嫉贤妒能，更未伺机打击或损害他人，以此奠定自己的威严地位。相反，他将各位英雄的长处恰如其分地结合起来，并使其发挥出了最大的功效。因此，刘邦不以牺牲他人之利来满足自己的私欲，而以人尽其才的方式得到了天下。

与此相反，希特勒是一个军事天才，企图用专制的统治以及血腥的战争征服世界，在利己的同时损害了他人的权益，本想借此霸占天下，殊不知正是这种损及他人之利的做法，让自己陷入了窘迫的境地，最终寡不敌众，以失败而告终。总想依靠损害他人利益来成就自己的人，总有一天会因此遭受众人排斥，必定会为这种行为付出代价。以不正当方式谋取私利的人，终将会被社会所抛弃。

世间万物都有一种趋利避害的本能，而人类在这一点上更是做到了极致。在面对风险的时候，人们通常都选择规避风险。如果说"利己"是人的本性，那么趋利避害表现的则是人的社会性。"零和博弈"

这一现象之所以频繁发生，大多是因为有人见利忘义，想私吞对方的利益，有这种想法和行为的人必然会失去人心，到最后除了拥有一点私利外，剩下的只有孤独和悔恨。

在商业往来中，虽然双方都是以谋利为目的，彼此都有私心，想为自己争取最大的利益，但是通过一系列协商，双方足以达成彼此满意的一致意见，能够继续和平共处下去。如果发生争论，也是由各方过于注重自身利益所引起的，其结果往往是沟通失败。倘若双方这次协商不成功，也许还会有再次交流的机会。正是因为大家都是自由、平等地交往，才能共同创造和谐的环境。

人与人之间的交际往来，需要彼此之间相互体谅、相互适应。在发生矛盾和冲突时，倘若先能以不损害他人之利作为基点，进而站在对方的角度去思考，不但能使得交易长期发展下去，还能达到互利互惠的"正和博弈"状态。

博弈论启示

人际交往，要想达到效益的最大化，就不能以一方的意愿作为与别人交往的准则，而应该相互谅解，从"人不犯我，我不犯人"出发，进而在"我为人人，人人为我"中达成统一。熙熙攘攘，皆为名利，索求之时，但求利己不损人。也就是说，能够创造双赢局面的正和博弈，才最值得提倡。

博弈的目的是完善自己

对于博弈的目的的认识，是决定你最终会收获什么的重要条件之一。传统经济学认为，人的经济行为的根本动机是自利，也就是满足自身利益的需求。人人都有自私的一面，每个人从出生开始就在满足自身的需求，包括食物、水、衣服、鞋等基本生活需求。追求自己的利益的过程，其实就是推动社会经济发展的根本动力。没有追求、没有目标，就没有动力，现代社会的财富是建立在对自身需求的保护上的。人们参与竞争的动力千差万别，但满足自身利益这一点是相同的。无论在任何时代，经济学都力求建立让参加者自由参与，并尽可能展开公平竞争的市场机制。

因为从大的方面来说，博弈的最终目的是整个人类社会的和谐、发展、共存。人们不断寻求市场机制的公正，是因为只有博弈的规则更完善，每个社会个体所得到的社会福利才会增加。一个具有社会责任感的人在追求个人利益的同时，能够考虑社会的进步和发展，这样的人是对社会有益的，也更能发掘自身的可利用资源，培养高瞻远瞩的眼光，为自己、家人以及社会谋福利。

在博弈的过程中，人们总是不断寻找创新方法，希望获得更多的资源和信息，得到最满意的结果。但站在社会学的角度，大家更希望能够获得可以满足所有对象需求欲望的策略。可实际上，这是很难做到的，我们观察到的博弈往往是残酷血腥的。在动物界，弱肉强食是动物生存的基本规则；在远古社会，强者生存，弱者服从是战争掠夺的必然结果；在商业领域上，商家为了获取暴利，会选择欺骗造假。现代社会不同于过去，是因为人们都更加懂得遵循既定规则，懂得道德伦理，至少大部分人能够自觉地进行良性博弈，而不是恶性博弈。

从小方面来说，人们博弈的目的通常是满足自己的各类需求。让自己考上一个好学校，得到一份好工作，过上衣食无忧的好生活，买到车子和房子，这些目标是比较具体的。但说到底是为了完善自己，完善自己的生活品质，完善自己的综合素质。这种完善，也包括实现个人的自我价值和个人幸福。当然，这个目标是更为抽象化的，比起具体的博弈目标，这是人们在人生博弈场上的最终目的。

但如何评价一个人的价值、幸福的标准，每个人都有不同的定义。虽然物质条件有时能决定基本生活品质的高低，但获取财富的多少，不应该以财富为最重要的标准。追逐金钱、名望、权势，这都无可厚非，但这些也只是获取幸福的手段，不能成为幸福的全部意义。并且，一个人的幸福不如一家人的幸福更好，一家人的幸福不如整个国家的幸福来得更有意义，判断幸福的标准应当是与这种行为有关的所有人的幸福。人们在进行决策时，假若只考虑自己的幸福，很可能无法获得最终的幸福，因为一己私利的幸福是短暂的、有限的。真正懂得幸福含义的人，能够让与博弈行为相关的人都获得幸福。

一旦确定了目标，博弈就变得更有意义，参与者能从中获得更宝贵的经验、感悟和更广博的信息。一般情况下，博弈论主张用最少的成本获取最大的收益。这导致一些功用主义者倾向于从行为后果来判断策略的优劣。但由于博弈中有伦理道德的存在，也有自由、平等、民主、正义等原则的存在，使参与者互为目的和手段，才能达到共赢，实现自我价值和幸福。

在日常生活中，人们经常需要先分析他人的用意、想法或意愿，来做出合理的行为，博弈的基本思想都来自现实生活。只不过，博弈论将博弈的思想高度抽象化，用教学工具来表述，让不少人望而却步。其实，博弈思想可以用日常事例来说明，博弈目的不同的人，结局往往也不同。

儒家认为"财自道生，利缘义取"，如果人们只是一味地想算计别人，占别人的便宜，那么算来算去，很可能就算计到自己头上来了，会遭受更大的损失。

博弈论启示

大多数人都有保持良好社会关系的愿望，都希望和社会各方面有和谐的交往，这也是完善自我的博弈过程。通过诚信友爱实现博弈双方的互惠互利，是一种以道德为机制的交换，我们在选择策略时应注意到这一点。

囚徒困境是 20 世纪最有影响力的博弈实例，也是博弈论中最常被研究的案例。它由美国普林斯顿大学数学系教授阿尔伯特·塔克提出。囚徒困境通俗化的表达就是："在一场博弈中，每个人都根据自己的利益做出决策，但结果却是谁也捞不到好处。"在囚徒困境的博弈中，背叛是参与者最好的选择。然而，当你处于绝对劣势，只有借助其他人的帮助才能扭转局面，而其他人又不愿意出手相助时，你就可以给对方设置囚徒困境，为你们制造共同的敌人，从而"逼迫"他为了实现自己的利益而与你达成合作。

第二章

囚徒困境
让他人与你合作的博弈策略

合作与背叛之间如何抉择

在了解"囚徒困境"之前，让我们先看一下发生在我国古代的一个小故事：

春秋时期，贫士玉戴生与三乌从臣二人相交甚好，由于没有钱，他们就以品性互勉。玉戴生对三乌从臣说："我们这些人应该洁身自好，以后在朝廷做官，绝不能趋炎附势，玷污了纯洁的品性。"三乌从臣说："你说得太有道理了，巴结权贵绝不是我们这些正人君子所为。既然我们有共同的志向，何不现在立誓明志呢？"于是二人郑重地发誓："我们二人一致决心不贪图利益，不被权贵所诱惑，不攀附奸邪的小人，不改变我们的德行。如果违背誓言，就请明察秋毫的神灵来惩罚背誓者。"

后来，他们二人一同到晋国做官。玉戴生又重申以前发过的誓言，三乌从臣说："过去用心发过的誓言还响在耳边，怎能轻易忘呢！"当时赵盾在执掌晋国朝政，人们争相拜访赵盾，以期得到他的推荐，从而得到国君的赏识。赵盾的府邸前车子都排出了很远。这时三乌从臣已经后悔，他很想结识赵盾，想去赵盾家又怕玉戴生知道，几经犹豫后，决定起早去拜访。为避人耳目，当鸡刚叫头遍，他就整理衣冠，匆匆忙忙去拜访赵盾了。进了赵府的门，却看见已经有个人端端正正地坐在正屋前东边的长廊里等候了，他走上前去举灯一照，原来那个人是玉戴生。

这则颇具意味的故事出自明代学者宋濂的《宋文宪公全集》。宋濂在作品中评论道："二人贫贱时，他们的盟誓是真诚良好的，等到当了官走上仕途，便立即改变了当初的志向，为什么呢？是利害关系在心中斗争，地位权势使他们在外部感到恐惧的缘故。"或许我们要问，地位和权势是怎样使他们感到恐惧的？或许博弈论中的"囚徒困境"理论可以给出合乎情理的解答。

所谓的"囚徒困境"，大意是这样的：甲、乙两个人一起携枪准备作案，被警察发现抓了起来。警方怀疑，这两个人可能还犯有其他重罪，但没有证据。于是分别对他们进行审讯，为了分化瓦解对方，警方告诉他们，如果主动坦白，可以减轻处罚；如果顽抗到底，一旦同伙招供，就要受到严惩。当然，如果两人都坦白，那么所谓"主动交代"就不那么值钱了，在这种情况下，两人还是要受到严惩，只不过比一人顽抗到底要轻一些。在这种情形下，两个囚犯都可以做出自己的选择：或者供出他的同伙，即与警察合作，从而背叛他的同伙；或者保持沉默，也就是与他的同伙合作，而不是与警察合作。这样就会出现以下几种情况（为了更清楚地说明问题，我们给每种情况设定具体刑期）：

如果两人都不坦白，警察会以非法携带枪支罪而将二人各判刑1年；

如果其中一人招供而另一人不招，坦白者作为证人将不会被起诉，另一人将会被重判20年；

如果两人都招供，则两人各判10年。

这两个囚犯该怎么办呢？是合作还是背叛？从表面上看，他们应该互相合作，保持沉默，因为这样他们都能得到最好的结果：只判刑1年。但他们不得不仔细考虑对方怎么选择。问题就出在这里，甲、乙两个人都十分精明，而且都只关心减少自己的刑期，并不在乎对方被判多少年（人都是有私心的）。

甲会这样推理：假如乙不招，我只要一招供，马上可以获得自由，而不招却要坐牢 1 年，显然招比不招好；假如乙招了，我若不招，则要坐牢 20 年，显然还是招认为好。无论乙招与不招，我的最佳选择都是招认，所以还是招了吧。

自然，乙也同样精明，也会如此推理。于是两人都做出招供的选择，这对他们两个人来说都是最佳的，即最符合个体理性的选择。按照博弈论，这是本问题的唯一平衡点。只有在这一点上，任何一人单方面改变选择，他只会得到较差的结果。而在别的点，比如两人都拒认，都有一人可以通过单方面改变选择，来减少自己的刑期。

也就是说，对方背叛，你也背叛将会更好。这意味着，无论对方如何行动，如果你认为对方将合作，你背叛能得到更多；如果你认为对方将背叛，你背叛也能得到更多。可见，无论对方怎样，你背叛总是好的。这是一个有些让人寒心的结论。

如果你处于这个困境中，你将如何做呢？设想你认为对方将合作，你可以选择合作，那么你将得到"合作的奖励"。当然，你也可以选择背叛，得到"背叛的惩罚"。换言之，如果你认为对方合作，那么你背叛将能得到更多的好处。反过来，如果你认为对方将背叛，那么你也有两个选择，你选择合作，那么你就是"笨蛋"；你选择背叛，就会得到"背叛的惩罚"。因此，对方背叛，你也背叛将会更好些。这就是说，无论对方如何行动，你背叛总是好的。到现在为止，你应该知道该怎样做，但是，要知道相同的逻辑对另一个人也同样适用。因此，另一个人也将背叛而不管你如何选择。

实际上，囚徒困境正是个人理性冲突与集体理性冲突的经典情形。在囚徒困境中，每个人都根据自己的利益做出决策，但最后的结果却是谁也捞不到好处。这种情形在生活中也会遇到，比如排队购物时，如果大家都在排队而只有一个人挤上前去插队，他将得到好处；可是如果大家都蜂拥而上，将会出现混乱无序的局面，此时你只能跟着大

家一起挤才有可能尽快买到你想要的东西，否则你将成为最后一个，
也是最吃亏的一个。因此，在没有良性竞争的机制下，背叛无疑是利
益最大化的选择。因为如果自己坚守，而又没有一种机制能保证对方
也同样坚守，那么坚守者就有可能成为牺牲品。

囚徒困境启示

　　个体的理性导致双方得到的比可能得到的少，这就是"囚徒
困境"。学习囚徒困境的理论模型，并非鼓励人们背叛，而是让
我们知道，在面临一个决策时，如果没有十全十美的办法，我们
不妨权衡一下利弊，从而做到"两害相权取其轻"。

别被"小聪明"算计了自己

　　西方有这样一则寓言，在太平洋的荒岛上住着一群三眼人，一个
"聪明人"就开始琢磨：如果能抓住一个三眼人到世界各地巡回展览，
一定能赚很多钱。

　　于是"聪明人"制造了一个大铁笼，带上捕猎装备，来到荒岛上。
没想到的是，岛上的三眼人从来没见过长着两只眼睛的人，他们把这
个"聪明人"抓起来，装进他带来的铁笼子里，运往荒岛各处供人观
赏。"聪明人"自以为找到了生财之道，最终聪明反被聪明误，成了
他人眼中的异类。

　　聪明反被聪明误，我们每个人对这句话都不陌生。这句话出自宋
代大文豪苏轼口中："人皆养子望聪明，我被聪明误一生。"生活中的
人们，都希望自己聪明，聪明的人希望自己更加聪明，没有人想做个

傻子。聪明不是坏事,但自以为聪明,总认为自己了不起,往往就会做出"聪明反被聪明误"的事情来。正如孔子所说:"人皆曰予知,驱而纳诸罟攫陷阱之中,而莫之知辟也。"意思是说:每个人都说自己聪明,可是被驱赶到罗网陷阱中去却不知躲避。

武则天时的周兴和来俊臣是著名的酷吏,成千上万的人冤死在他们手下。有一次,周兴被人密告伙同丘神绩谋反。武则天便派来俊臣去审理这宗案件,并且定下期限审出结果。来俊臣深知周兴为人,感到很棘手。他苦思冥想,生出一计。

一天,他准备了一桌丰盛的酒席,把周兴请到自己家里,酒过三巡,来俊臣叹口气说:"兄弟我平日办案,常遇到一些犯人死不认罪,不知老兄有何办法?"周兴一向对刑具很有研究,便很得意地说:"我最近才发明一种新方法,不怕犯人不招。用一口大瓮,四周堆满烧红的炭火,再把犯人放进去。再顽固不化的人,也受不了这个滋味。"

来俊臣听了,便吩咐手下人抬来一口大瓮,照着刚才周兴所说的方法,用炭火把大瓮烧得通红。然后站起来,把脸一沉对周兴说:"有人告你谋反,太后命我来审问你,如果你不老老实实供认的话,那我只好请你进瓮了!"周兴听了惊恐失色,知道自己在劫难逃,只好俯首认罪。

如果周兴不给来俊臣出馊主意,自己或许能躲过一劫,但倒霉就倒霉在他太"聪明"了。由此可见,吃亏的人,常常是自认为自己聪明,然后自恃聪明且不知适可而止的人。对于上述论断,哈佛大学教授巴罗在研究囚徒困境时,给出了一个著名的"旅行者困境"模型。

两个旅行者从一个以出产细瓷花瓶著称的地方归来,他们都买了花瓶。提取行李的时候,发现花瓶被摔坏了,于是他们向航空公司索赔。航空公司知道花瓶值八九十元,但是不知道确切价格是多少。于是航空公司请两位旅行者在100元以内各自写下花瓶的价格,如果两人写的一样，航空公司将认为讲的是真话，则如数赔偿；反之，则价格写的低者为真话，按写低者的价格赔偿，并奖励其2元，对写高价格者则罚款2元。

这样就开始了一场博弈。本来，为了获得最高赔偿，双方最好的策略就是都写100元，获赔100元。但甲却精明地认为如果写99元而乙会写100元，他将得到101元；可是乙更聪明，他算计到甲会写99元，而准备写98元；可甲又算计到乙会写98元而准备写97元……如此重复博弈下去，两人都"彻底理性"地能看透对方十几步甚至上百步的博弈过程，最后每个人都写了0元。

可能你会想，生活中不会发生如上述例子中的事情，但巴罗教授提出这个案例旨在告诉我们：一方面，人们在为私利考虑的时候不要太"精明"，因为精明不等于高明，太精明往往会坏事；另一方面，它对于理性行为假设的适用性提出了警告。比如古语说"逢人只说三分话，未可全抛一片心"，这当然足够理性，甚至可以说是"真理"，但如果每个人都这样"理性"的话，那么每个人得到的都将是"三分真话"，这无疑会极大地增加人们的交际成本。所以，对于纯粹的"理性"，我们也需要辩证地看待，否则事情的结果会与初衷大相径庭，非但损人，而且不利己。

囚徒困境启示

生活中，有人吃亏并不是因为他们不精明，恰恰是因为太精明。人们需要聪明和机智，但不要过分算计。总想着在与人交往的过程中获得利益，这样的人功利心太重。相反，不太聪明的人总能交到更多的朋友，这是因为与这些人相处往往会令对方放松心情，没有任何顾虑。

纳什均衡是指参与人的一种策略组合，实施该策略时，任何参与人单独改变策略都不会得到好处。在纳什均衡中，你不一定满意其他人的策略，但你的策略是应对对手策略的最优策略。

　　以 A、B 两家公司同类产品的价格竞争为例，在 B 公司不改变价格的条件下，A 公司既不能提价，因为会进一步丧失市场；也不能降价，否则会出现赔本甩卖。

　　于是两家公司在产品价格上形成了一种均衡。如果要改变原先的利益格局，只能通过谈判寻求新的利益评估分摊方案，也就是新的纳什均衡。类似的推理也可以用到选举、群体之间的利益冲突、潜在战争爆发前的僵局、议会中的法案争执等。

第三章

纳什均衡
不会令自己后悔的博弈策略

没有优势不如退而求其次

春节是中国人最重要的节日，大年三十全家人围坐在一起等待新年的钟声，是每个人都向往的场景。但就是这样一个其乐融融的"年"，却让很多结婚没几年的小夫妻犯难，甚至为了去谁家过年的事发生争吵。孝敬父母是每一个儿女都应该做的，但很多人长年在外，一年到头春节就成为团圆的唯一机会。结婚之前，一个人来去无牵挂，春节回家也是不用考虑的问题，但结婚之后，小夫妻就不得不面临"春节回谁家"的选择了。

明哲与梦甜是一对恩爱的夫妻，他们就面临着"回谁家过春节"的选择。二人都是独生子女，而且都非常孝顺。明哲希望回东北，而梦甜则希望回四川。有人会说："那还不好办？'各回各家，各找各妈'不就解决了？"可是问题的关键在于，明哲与梦甜很恩爱，分开各自回家过春节，是他们最不愿意见到的情形。这样一来，他们就面临着一场温情笼罩下的"博弈"。

假设二人回明哲家过春节，则明哲的满意度为 10，而梦甜的满意度只有 5；如果回梦甜家过春节，则明哲的满意度为 5，而梦甜的满意度为 10；如果双方意见不一致，坚持各回各家，或者一赌气索性谁家也不去，则他们谁都过不好这个春节，满意度各自为 0，甚至为负数。

我们在"囚徒困境"一章曾经提到过"优势策略"这个概念：即无论对方选择什么，我选择的这一个策略总是最有利的。可是我们在上面的这场博弈中，看不到哪一方有绝对的优势策略——回东北过年不是明哲的优势策略，因为如果梦甜坚持回四川，他选择回东北的满意度只能为 0，而选择跟梦甜一起回四川的满意度却是 5。也就是说，对明哲而言，不存在"无论梦甜是选择回东北还是回四川过年，我选择回东北（或回四川）过年总是最好的策略"这一情况。同样的道理，梦甜也没有绝对的优势策略。在这场博弈中，明哲只能看梦甜回四川过年的态度有多坚决，然后据此选择自己的策略；梦甜也是如此。

由此引出了博弈论中最重要的概念——纳什均衡。纳什均衡是这样的一种博弈状态：对博弈参与者来说，我选择的某个策略一定比选其他的策略好。纳什均衡的思想就这么简单：在博弈达到纳什均衡时，局中的每一个博弈者都不会因为自己单独改变策略而获益。它是一个稳定的结果，就像把一个乒乓球放在光滑的铁锅里，不论乒乓球的初始位置在哪里，但乒乓球最终都会停留在锅底，这时的锅底就可以被称为一个纳什均衡点。

比如在上述博弈中，（东北，东北）、（四川，四川），即双方都回东北过年，或者双方都回四川过年的选择就是博弈中的纳什均衡状态。因为对双方而言，单独改变策略没有好处。比如说两人约定一起回东北过年，则明哲的满意度为 10，而梦甜的满意度为 5，如果此时梦甜单独改变主意自己回四川，变成自己和明哲各得 0，对谁都没有好处；相反，如果两人约定一起回四川过年，则梦甜的满意度为 10，而明哲的满意度为 5，如果此时明哲单独改变主意自己回东北过年，也变成自己与梦甜各得 0，同样对谁都没有好处。所以，两人一起回东北过年或一起回四川过年，才是稳定的博弈对局，也能取得一方绝对满意、另一方相对满意而非双方都不满意的结局。

通过上述分析我们可以发现，在这场博弈中，最佳的选择是：如果明哲坚持回东北过年，那么梦甜最好也跟着回东北过年；如果梦甜坚持回四川过年，那么明哲最好也跟着回四川过年。

这种情形是符合现实生活的：当夫妻双方一方坚持己见的时候，

另一方常常会迁就一些，做出让步。这场博弈的显著特点是，博弈有两组策略选择（不像"囚徒困境"中每人只有一个最优策略），博弈双方各自偏爱一个策略，比如明哲偏爱双方都回东北过年，而梦甜偏爱双方都回四川过年。不过他们之间也存在共同利益，因为任选（东北，东北）与（四川，四川）中的一组策略，他们都可以得到一方基本满意，另一方非常满意的结果，而不是两个人都不满意。

那么在这场博弈的两组策略中，究竟应该谁得到最想要的，谁退而求其次呢？这就看不同家庭的不同情况了。假如丈夫更宽容或更疼爱妻子一些，他就会自愿做出让步，陪同妻子一起回四川过年，反之亦然；还可能取决于夫妻俩在家庭中的地位，比如一般情况下家里什么都是丈夫说了算，那么很可能出现丈夫期望的结局；或者也可能出现轮流做主的情况，比如这一次听妻子的，但下一次妻子觉得对丈夫有亏欠，转而下次听丈夫的。

纳什均衡启示

当你的利益与他人的利益（尤其是与你关系亲密的人）发生冲突时，你要学会设法进行协调。如果现实不允许你最大限度地满足自己的利益，那么退而求其次，总比让双方都得不到要强得多。而且你在这次博弈中所失去的，可能会在下次博弈中获得补偿。

"麦琪的礼物"虽无私但无用

　　美国作家欧·亨利曾写过一篇著名的短篇小说，名叫《麦琪的礼物》。小说里的主人公吉姆和德拉是贫穷但彼此深爱对方的小两口。吉姆有一块祖传的金表，但是没有表链；而德拉有一头令所有女子嫉妒的金色秀发，但一直没有钱去买她心仪已久的一套梳子。

　　圣诞节的前一天，德拉想给丈夫吉姆一个惊喜，可是她只有 1 美元 87 美分，她知道这点钱根本不够买什么好的礼物，于是她把引以为豪的瀑布似的金色秀发剪下来卖了，换来了 20 美元。找遍各家商店，德拉花去 21 美元，终于买到了一条朴素的白金表链，这可以配上吉姆的那块金表。而吉姆也想给老婆一个惊喜，他同样卖掉了引以为豪的金表，买了德拉渴望已久的全套漂亮的梳子做圣诞礼物。

　　可是，德拉暂时不需要梳子了，因为她卖了秀发为吉姆买回了表链；而吉姆再也不需要表链了，因为他卖了金表为德拉买了梳子。

　　这与上文那场博弈中的非理性结局极其相似，如果不是为了陪梦甜，明哲不会去四川过年；如果不是为了陪明哲，梦甜也不会去东北过年。假如二人事先未经过协调而为了给对方一个惊喜，春节的时候梦甜买了两张去东北的车票，而明哲买了两张去四川的车票，那么出现的情形与《麦琪的礼物》中的结局将是何其相似。

　　从爱情的角度来看，每个读者都会为这两个真心相爱的人所感动。就像欧·亨利在作品的结尾写道："在一切馈赠礼品的人当中，那两个人是最聪明的。在一切馈赠又接收礼品的人当中，像他们两个这样的人也是最聪明的。无论在任何地方，他们都是最聪明的人。"但是从博弈论的角度分析，我们却可以得出他们的选择并非理性的结论。如果把这件事视为一场博弈，假设小两口往常过着平淡而心心相印的生活，各得 1；如果吉姆把表卖了给德拉买梳子，吉姆得 2，德拉得 3；如果德拉剪去一头秀发换回表链给吉姆，德拉得 2，吉姆得 3。但是吉姆卖表买梳和德拉剪发买链同时发生，那么他们一定都非常伤心，各得 –2。从这个博弈的结果中我们可以看到，吉姆与德拉所选择的"为对方考虑"的策略，恰恰出现了令双方都伤心的结局。假设他们中的任何一个人稍微"自私"点儿，那么出现的结局反而是皆大欢喜的。

在日常生活中，人们馈赠礼物也开始讲究要给受礼人惊喜。比如妈妈要过生日了，孝顺的女儿想在妈妈生日那天送给妈妈一个惊喜，于是想破了脑袋买了一个礼物，而这个礼物可能在妈妈看来是又贵又不实用的。《麦琪的礼物》恰恰告诉我们，惊喜是奢侈品，如果你还不富裕，你很可能享受不起。可供对比的是，在一些发达国家，人们在发送邀请函的时候，往往会注明希望收到什么礼物，这样，就避免了送礼物的人为了带给接受礼物的人"惊喜"而导致礼物无用的情况。而这正是自利的行为带给双方效益最大化的启示。

人们都习惯于赞扬无私的人，而对自私自利者往往颇有微词，觉得自利行为一定会伤害别人。那么，所有的自利行为都应该被贬斥吗？让我们来看下面的故事。

张氏兄弟是一对双胞胎，二人同在远离家乡千里之外的城市读大学，每周末兄弟俩都能见上一面。这个星期六，兄弟二人又约好了一块儿吃午饭，弟弟点了两碗牛肉面，服务生先端上来一碗后，便告诉兄弟俩，由于店里客人较多，另外一碗需要等一刻钟的时间。

哥哥认为自己有责任照顾弟弟，应该让弟弟先吃，于是将这碗牛肉面推到了弟弟面前。可是弟弟却认为这次是自己请哥哥吃饭，应该让哥哥先吃才对，于是又将这碗面推到了哥哥面前。兄弟二人推来推去，结果谁也不肯先吃，可是第二碗还没有上来。为避免牛肉面渐渐变凉，哥哥生气地命令弟弟先吃，可弟弟也皱着眉头不肯服从。总之，面还没吃两人便生了一肚子气。

两人都是出于好意，结果却都生对方的气，原因就在于他们太"无私"了。实际上，每个人都可以先考虑自己，恰恰也是对方愿意看到的。

> **纳什均衡启示**
>
> 从经济学的角度来说，恰恰是每个人的自利行为，促进了社会的发展。比如人们希望自己生活得好一些，企业希望利润高一些……只是伦理道德还接受不了只希望自己好的自利行为。如果每个人都秉承"我为人人，无私奉献"的理念，社会文明程度自然会极大提高。但是当一个人的无私成了另一个人的负担，甚至给他人造成无法挽回的伤害时，那么这种无私便不值得提倡。

你进我退，能伸能屈

父母经常会遇到这种情况，自己的孩子有点任性，逛商场的时候，他赖在玩具柜台前不肯走，想要一个变形金刚。如果你说了"不"，孩子的要求不能满足，他可能会大哭大闹。此时你该如何做？如果你对孩子的哭闹不予理睬，想办法转移话题，通常情况下，孩子哭闹一会儿也就放弃了。如果你此时对孩子妥协，一旦孩子发现这招奏效了，下一次再出现这种情况，他就学会了继续用哭闹的策略，让父母妥协。一次次的妥协，可能让孩子屡试不爽，你会发现，越来越难以拒绝孩子的要求，后来再拒绝，孩子的哭闹便变本加厉。孩子进了一尺，你后退了一尺，下次他就进一丈。但是如果孩子哭闹，你采用了过激的方式，例如打骂，虽然你进了一丈，但有可能给孩子造成阴影，适得其反，让孩子变得越来越难管教。

在父母和孩子博弈的过程中，我们可以看到，过度的妥协或强硬都是不对的。我们应当让孩子了解，他的要求如果不合理，他无理取闹，父母是不会同意的，但也不会责罚他，这样他就会知难而退。孩子的兴趣是不稳定的，当发现父母不在意自己的某个要求时，他就会转移注意力，去寻找新鲜的事物。父母和孩子的博弈，更像是一种试探性游戏，父母的反应会给孩子一种信息，每当父母的反应过大时，孩子就会印刻在脑子里。关键是，父母不能被孩子胁迫，也不要胁迫孩子。当大家的需求和利益无法达成一致时，不如寻找新的平衡点。例如，你不能给孩子买这个玩具，可以和他商量，换一个价格便宜点的玩具行不行，或者和孩子达成协议：如果你能在幼儿园得到五朵小红花，就给你买这个变形金刚。参照此例，父母和孩子也可以在生活中制定奖罚机制。例如，当孩子表现好时，可以给他加分，每当孩子得了十分，他就可以提出一个要求；如果孩子表现不好，父母要经过商量，都同意扣分，才给他扣分，否则不能扣分。当然，哪些表现是"好"，哪些表现是"不好"，要从各方面来考察，不要仅仅以孩子的成绩好坏来评判。

再来探讨职场博弈，这里要说到单位里上下级间的博弈。有时我们会遇到对待下属非常强硬的上级，也就是"铁腕上司"；有时上司会遇到对待上级毫不买账的下属，也就是"鹰派下属"。如果一个铁腕上司遭遇一个鹰派下属，当在某件具体的工作上发生了冲突，如何达到博弈均衡呢？

假设铁腕上司与鹰派下属，各自都可以选择采取强硬态度或屈从态度。谁伸谁屈呢？经由父母与孩子之间的纳什均衡事例，可以推断，在这个博弈过程中，要么是上司强硬，下属屈从；要么是上司屈从，下属强硬。双方都不肯退一步的话，就会把事情闹大，使得工作无法进行下去。懂得为大局着想的上司或下属，知道要先让一步，再在工作过程中提出自己的意见。得到第一局胜利的一方，只要还具有合作精神，此时便能够屈从一下，听从对方了。

如果你既不愿屈从，也不好强硬，选择激励策略是最好的。典型的基于支配型关系的激励方法，我们在哄孩子的时候经常用。例如，孩子哭了，不愿意上幼儿园，妈妈就对他说："乖啊，你听话，就给你糖吃。"为了让孩子去做他不想做的事，就用糖果来"激励"他。这次可能行得通，但下次妈妈无疑得给两块糖，下下次要给更多的糖，才能哄孩子上幼儿园。实际上，真正有效的激励措施，不是简单地给块糖果了事。

行之有效的激励措施，不应该是"我要你做"，而是"我自己为了某种目标而主动要做"。激励措施不该是补偿措施，类似于妈妈给糖果的行为。你不如事先与孩子制定激励规则，如果孩子每星期都乖乖去幼儿园，就会得到妈妈一个假日的陪伴。还要制定惩罚规则，如果孩子有一天不能准时去幼儿园，就失去了和爸爸玩游戏的机会。一旦孩子认为糖果是应该得到的，他的期望会越来越难以满足。父母的做法应是激励他好好做，好好做了你自己有收益，而不是"你做了不愿做的事，我来补偿你"。

职场上的博弈，与家庭成员之间的博弈类似，是重复博弈，因此如果想要持续地激励员工，就要有持续交易的规则和条件。你进我退，能屈能伸仅仅只是单次博弈的一个来回，只要既定规则和奖惩机制足够完善，那么这一次的"屈"换来的可能是下一次的"伸"，又如何不能承受呢？

纳什均衡启示

　　人进你一尺，你就进人一丈，在某些时候并不适用。但什么时候屈，什么时候伸，应根据博弈对手的性格、学识、资本来衡量一番，再做论断。该示弱的时候，就要懂得收敛和退步，不争一时之锋，不争一时之利；该显示能力的时候，就应该趁势展示锋芒，毫不畏缩。

默契源于为对方考虑

　　假设一对夫妇在拥挤的百货商场失散，事先也没有约定见面的地点，而恰好他们又都忘记带手机了，他们还能找到对方吗？以怎样的方式寻找对方成功的概率会更高一些呢？

　　也许一方一直认为，对方也希望在一个双方都认为比较醒目的地点与自己会合，因为夫妻双方都认为该地点比较醒目，易于发现对方或被对方发现。而且，一方不会轻易判断对方首先要去的地方，因为在上述情况下，对方首选的地方可能也是其所希望的。换言之，无论发生什么情况，一方所到之处都将是对方所期望的地方。我们可以如此不断推理下去，一方所想的问题不是"如果我是他，我该去什么地方呢？"，而是"如果我也像他一样在思考同样的问题'如果我是他，我该去什么地方呢？'我该怎么做呢？"。

　　人们通常只有在得知别人将做出和自己同样的行为时，才会与他人产生共鸣，达成某种共识，我们把这种共识称为"默契"。比如上文中的夫妻走散事例，夫妻二人若要重逢，就需要相互间的默契，也就是对同一场景提供的信息进行同样的解读，并努力促使双方对彼此的行为进行相同的预期判断。当然,我们既无法肯定他们一定会重逢,也不能肯定双方一定会对同一暗示符号进行相同的解读。但是,夫妇双方如以这种方式寻找对方,成功的概率一定比他们盲目地在商场里瞎转要高得多。

大多数普通人在一个环绕的圆形区域走散后,通常都会不约而同地想到在圆形地带的中心区域与对方会合。但是在一个非常规形区域走散,那就只能依靠个人的方位感在该区域的中心地带与对方会面。

博弈论专家托马斯·谢林曾以多幅地图进行实验,结果证明:如果一幅地图标有多个住宅和一个十字路口,人们大多会本能地趋于十字路口;反之,如果一幅地图标有一个住宅和多个十字路口,人们会本能地趋于住宅。这充分说明,唯一性能够产生独特性,从而吸引人们的注意力。谢林把这个具有独特性、吸引人们注意力的点称为"聚点",并由此提出了著名的"聚点均衡"理论。

在聚点均衡的研究中,谢林得出结论:一旦人们得知别人将做出和自己同样的行为时,通常会协调彼此的行为,从而出现合作的契机。比如武侠小说中经常描写的两大实力相当的武林高手比拼内力,就是这种情形。一旦比拼开始,就没有人能够自主地决定撤出拼斗,因为一旦你选择撤回内力而对方继续催加内力,你就会失败甚至身受重伤;而继续比拼,会造成两败俱伤的结局;除非有外力使他们中止比拼,或者二人"心有灵犀",同时一点点地撤回内力。

生活中也常常能看到这样有趣的现象,比如小两口为小事赌气吵架了,谁也不理谁。一天过去了,两个人表面上不动声色;三天过去了,彼此心中都有悔意,只是碍于面子谁也不好意思先开口;时间再长一些,彼此之间已经完全形成默契,这个时候,无论谁先开口,都将宣告一场冷战的结束,两人终会和好如初,甚至比以前更亲密一些。

纳什均衡启示

默契是内心深处一种最好的约定，不必用言语传递就能够表达心迹，不需要用心来指引也能够相互会意。默契来源于和谐的自然，更是一种心灵的感应。自然界如是，人与人之间亦如是。你理解、尊重对方，对方也一定会理解、尊重你的行为，于是，默契就这样产生了。

重复博弈是指同一场博弈重复进行。在无限期重复博弈中，对于任何一个参与者的欺骗和违约行为，其他参与者总会有机会给予报复。在现实生活中，有很多博弈没有最后一次。如果存在囚徒困境的博弈要永远进行下去，你可能就会顺理成章地采取合作的方式。如果两个人都采取这种策略，双方可以每一次都得到很好的结果。

第四章

重复博弈
避免违约和欺骗的博弈策略

长久的关系是合作的保障

在囚徒困境模型中，我们知道如果一方选择合作，那么另一方选择背叛则收益最大，这是单次博弈的情况。假设甲、乙二人共有三次博弈的机会，那么在第三次博弈时，两个人肯定都会选择对抗。给定第三次都会对抗，那么第二次的合作实际上也没有意义（因为将来没有合作机会了），因此两人也会选择对抗；给定第二次大家都选择对抗，那么在第一次时大家就都会选择对抗。结果，重复三次的博弈中无法形成合作。

那么，不能合作是不是因为时间太短了呢？我们不妨假设博弈可以重复 N 次。使用逆向归纳方法可得：在第 N 次时，两个人会选择对抗；从而在第 N−1 次时，两个人也选择对抗；从而在第 N−2 次时，两个人还是会选择对抗……从而在第 2 次时，两个人会选择对抗；从而在第 1 次时，两个人选择对抗。既然 N 可以是任何数，那么我们就得到了一个有点"意外"的结论：无论博弈重复多长时期，只要是有限次数的重复，合作都不可能达成。事实上，这一结果在博弈论中已经成为一个定理：有限次的重复博弈，其均衡结果与一次性博弈的结果是完全一样的。怎么会这样？我们不是明明说过长期关系中可以达成合作吗？而且我们在现实中不是也看到了不少的合作吗？这究竟是为什么？

实际上，合作的达成可能要求助于无限重复博弈。如果博弈重复进行无限次，没有结束的一天，那么逆向归纳法是不适用的，只能使用前向推理来指导我们的策略选择。

参与者对等待将来利益有足够的耐心（或者说眼光更长远、更看重将来利益），那么合作就越容易达成。相反，对于目光短浅、只注重眼前利益的人，那么合作是难以为继的。所以，这样的结果也告诉我们，如果要选择合作对象，有必要挑选那些注重未来、目光长远的人；永远不要把鼠目寸光的人列为合作对象。

至此，我们基本上得到了关于重复博弈与合作的两个重要结论：

1. 如果博弈的重复是有限期的，那么囚徒困境式博弈中是不可能达成合作的。

2. 如果博弈是无限期的，那么目光长远的参与者在囚徒困境式的博弈中也可以达成合作；不过如果参与者目光短浅，那么合作仍然难以达成。

一般来说，大多数时候人们还是具有一定眼光的，至少不会急着为了今天的 1 元钱而放弃明天的 5 元钱，因此合作仍然是人类社会中广泛存在的现象。

但是，还有一个疑问我们未曾解决：有限次的重复博弈不可能达成合作，可我们的生命是有限的，我们接触任何人的时间都是有限的，天下没有不散的筵席，每个人最终都会有与对手结束合作关系的时候，所以应该说我们经历的所有重复博弈次数都是相当有限的。那为什么还有那么多的合作呢？对此，可以从以下几个方面来做出解释：

1. 虽然很多博弈是有限次数的，但是我们并不知道这个次数究竟是多少，结果它就类似于一个无限次数的重复博弈。比如，虽然我们知道生命是有限的，但我们并不知道自己会在哪一天死去，所以我们也就不知道什么时候与别人解除合作关系。

2. 即使我们知道准确的结束合作关系的时间，如劳动合同常常明确规定了为雇主服务的期限，但我们并不会从第一天上班开始就偷懒。因为合同期足够长，面对如此长期的收益，几乎相当于无限期重复博弈，偷懒被开除而损失如此长期的一笔工资收益是不划算的。所以，员工仍采取了合作的态度。但是的确也可发现，随着终止合同离开雇主的日期越来越近，员工的努力的确在打折扣——有限次博弈开始起作用了。

3. 有些有限次博弈本身虽有限，但是在这个有限博弈中，你的合作或对抗表现会给你带来另外一场博弈带来的影响，因此你不得不估计自己的表现。年轻的员工即使在离开当前企业的前夕，也不会与当前企业对抗，其原因是他还要到其他企业工作。如果他在这里做出不恰当的举动，会影响到他到下一个企业就业的机会。

总之，无论哪一种解释，都强调了一个同样的思想，只有注重长期关系，人们才更可能合作。

重复博弈启示

即使是有限次博弈，只要次数足够多（关系维持足够长），那么人们就有动力通过合作行为树立起合作的声誉来获取长期的收益。这也许是人类社会合作的最大福音。

条件改变，博弈策略也要随之改变

来自西北的李平与来自东南的魏芳是大学同学，二人自大一开始就进入了热恋期，山盟海誓，亲密有加。然而大学四年倏忽即逝，面临毕业后各自的前程，二人不得不痛苦地选择分手。为什么昔日如此亲密的李平与魏芳会在毕业时选择分手呢？因为博弈存在一个确切的时间点，到了这个时间点，博弈即告终结，而这个时间点恰好就是

"毕业"。

为什么一毕业，就宣告着一段美好的恋情结束，而昔日亲密无间的恋人也要劳燕分飞呢？这涉及博弈论中的"有限重复博弈"与"无限重复博弈"的问题。为了更容易理解这个问题，让我们先从大家都熟悉的《鹿鼎记》中所描写的两个情节谈起。

《鹿鼎记》中韦小宝被太监海大富抓进皇宫之中，伺机毒瞎了海大富，并杀死了海大富身边的小太监小桂子，从此在宫中冒充小桂子。在顺治帝出家前，海大富受命留在宫中调查杀死端敬皇后的凶手，他自始就从口音中辨出此小桂子非彼小桂子，却一直没有说破，不动声色地查探这个"小桂子"的幕后指使者，后来却意外地从韦小宝身上得知，杀死端敬皇后的凶手竟然是现在的皇太后。海大富决定向太后发难，韦小宝已无利用价值，于是他最终向韦小宝摊牌。而此时韦小宝才得知，原来海大富早已知道他其实不是小桂子，但此时也只能在肚中暗骂海大富。

还有一次，康熙对韦小宝"摊牌"：康熙早已知道韦小宝是反清组织"天地会"的香主，却一直隐忍不发。直到韦小宝把天地会众兄弟聚集在自己的伯爵府，康熙决定将他们一网打尽之时，才对韦小宝亮出底牌。

假如海大富没有查出皇太后会"化骨绵掌"，且是杀死端敬皇后的凶手；假如康熙没有机会把天地会一网打尽，那么他们势必还会把糊涂装到底。装到什么时候是终点呢？恐怕没有人知道。也就是说，只要海大富一天没有查出杀害端敬皇后的凶手，或者康熙一直没有机会把天地会一网打尽，他们就将装作不知韦小宝真实身份的样子，一直与他"玩儿"下去。

如果我们把韦小宝与海大富及与康熙的"斗心眼儿"视为一场博弈，那么最后"摊牌"的情形则被称为"有最后一次重复的博弈"，而我们假设的"一直'玩儿'下去"的情形则被视为"无限重复的博弈"。所谓有限重复博弈，是指重复次数是有限的且有确定终点的博弈；而无限重复博弈，则是指重复次数是无限的或者对双方而言不知道哪一次是尽头的博弈。

通过前面的分析我们知道，在一次性博弈中，"对抗"对双方而言是最优策略；在重复博弈中，"合作"对双方而言是最优策略。而在有限重复博弈中，由于最后一次博弈是确定会出现的，"最后一次博弈"可以被视为"一次性博弈"。也就是说，在双方的最后一次博弈中，"对抗"是最优策略，因为人们在重复博弈中之所以选择合作，主要是考虑日后还要进行博弈，而在最后一次博弈中则没有以后，因此显然不必考虑后面的行动。

那么再回到前面所说的"毕业了就说分手"的事例，用博弈论的术语来说，这是一个"有最后一次的重复博弈"。毕业之后，二人一个回西北，一个回东南，在一起生活不现实。"毕业"这一不可改变的现实，就是博弈的"最后一次重复"，所以二人最佳的选择只能是分手。

让我们进一步假设：李平与魏芳毕业后留在了同一座城市，他们还会如此轻易地选择分手吗？如果没有特殊情况，应该不会。至少分手的可能性要大大降低，因为毕业后同处一座城市，就是说二人之间还有美好的未来，从而使得二人间的博弈从"有限重复博弈"变成了"无限重复博弈"，而无限重复博弈中，最理性的选择是合作而非对抗。

因"有最后一次的重复博弈"而发生的对抗性情形在生活中并不鲜见，比如张三、李四两个同事素有矛盾，二人面临的是长期共事，且谁也不知道会共事到什么时候，如果他们都是严格意义上的"理性经济人"，则通常不会大打出手，即便不能化干戈为玉帛，也只会暗斗而不会明争。但一旦哪一天其中一位决定离开公司，那么，双方

积蓄已久的矛盾就很有可能集中爆发，因为"无限重复博弈"变成了
"有限重复博弈"，在"有限重复博弈"中，双方所能选择的最佳策略
是对抗。

重复博弈启示

俗话说"君子报仇，十年不晚"，因为一个理性的人要"报
仇"，必须考虑报仇的条件是否成熟，会有什么样的后果与得失，
而非莽撞行事。

斗鸡场上，两只好战的公鸡发生遭遇战。两只公鸡或进或退，如果一方退下来，而对方没有退下来，对方获得胜利；如果对方也退下来，双方则打个平手；如果自己没退下来，而对方退下来，则自己胜利，对方失败；如果两只公鸡都前进，则两败俱伤。这就是斗鸡博弈，它是解析两个强者在对抗的时候，如何能让自己占据优势，力争得到最大收益，确保损失最小的博弈策略。

第五章

斗鸡博弈
进退有度的博弈策略

适当退让避免两败俱伤

在一个拍卖会上，有两个人在争夺一件价值 1000 元的物品。拍卖规则是：轮流出价，谁出价最高，谁就得到该物品，但是出价低的人不仅得不到该物品，并且要按他所叫的价付给拍卖方。这时只要双方开始叫价，在这场博弈中双方就进入了骑虎难下的状态。

因为每个人都这样想：如果我退出，我将失去我出的钱，若不退出，我将有可能得到这价值 1000 元的物品。但是随着出价的增加，他的损失也可能越大。每个人都面临着是继续叫价还是退出的两难困境，因此双方骑虎难下。

一旦出现这种局面，及早退出是明智之举。然而当局者往往是做不到的，这就是所谓的"当局者迷，旁观者清"。这种情况经常出现在企业或组织之间，也出现在个人之间。比如，赌红了眼的赌徒输了钱还要继续赌下去以希望返本。其实，赌徒进入赌场开始赌博时，他已经处于骑虎难下的状态。

其实，这场博弈实际上有一个纳什均衡：第一个出价人叫出 1000 元的竞标价，另外一个人不出价（因为在对方叫出 1000 元的价格后，他继续叫价将是不理性的），出价 1000 元的参与者得到该物品。这是最理性的方法。

还有一个关于商业债务的故事：债权人 A 公司与债务人 B 公司双方实力相当，债权债务关系明确。B 公司欠 A 公司 10 万元，金额可协商，若双方达成妥协，A 公司可收回 9 万元，减免 B 公司债务 1 万元，B 公司收益为 1 万元。

若一方强硬，一方妥协，则强硬方收益为10万元，而妥协方收益为0；如双方强硬，发生暴力冲突，A公司不但没收回债务还受伤，医疗费用损失10万元，则A公司的收益为–20万元，而B公司则是损失10万元医药费。

因此，A公司、B公司各有两种战略：妥协或强硬。每一方选择最优战略时都假定对方战略给定：若A公司妥协，则B公司强硬是最优战略；若B公司妥协，则A公司强硬将获更大收益。于是双方都强硬，企图获得10万元的收益，却不曾考虑这一行动会给自己和对方带来–10万元。

故这场博弈有两个纳什均衡：A公司收益为10万元，B收益为0，或A公司、B公司皆妥协，收益支付分别为9万元、1万元。也就是债权人与债务人追求利益最大化，如果双方不合作，从某种意义上说，双方陷入了囚徒困境。

这个故事符合博弈论的斗鸡博弈模型：某一天，在一个斗鸡场上，有两只好战的公鸡发生遭遇战。这时，两只公鸡有两个行动选择：一是退下来，二是进攻。

如果一方退下来，而对方没有退下来，对方获得胜利；如果对方也退下来，双方则打个平手；如果自己没退下来，而对方退下来，自己则胜利，对方则失败；如果两只公鸡都前进，那么则两败俱伤。

两只公鸡在斗鸡场上要做出严格优势策略的选择，有时并不是一开始就做出这样的选择，而是要通过反复的试探，甚至是经过激烈的争斗后才会做出严格优势策略的选择：一方前进，一方后退。

所以，对每只公鸡来说，最好的结果是，对方退下去，而自己不退；反之，双方都不退的时候就面临着两败俱伤的结果。先不妨假设两只公鸡如果均选择"前进"，结果是两败俱伤，两者的收益是–2个单位，也就是损失2个单位；如果一方"前进"，另一方"后退"，前进的公鸡获得 1 个单位的收益，而后退的公鸡获得 –1 的收益，即损失 1 个单位，但没有两者均"前进"受到的损失大；两者均"后退"，两者均获得 –1 的收益，即 1 个单位的损失。

斗鸡博弈启示

在现实中运用博弈论中的斗鸡定律，要遵循一定的条件和规则。哪一只公鸡前进，哪一只公鸡后退，不是谁先说就听谁的，而是要进行实力的比较，谁稍微强大，谁就有更多的前进机会。但这种前进并不是没有限制的，而是前进和后退都有一定的距离，这个距离是两只公鸡都能够接受的。一旦超过了这个界限，只要有一只公鸡接受不了，那么斗鸡博弈中的严格优势策略也就不复存在了。

长远的利益高于眼前的利益

我们已经知道，斗鸡博弈描述的就是两个强者在对抗的时候，如何能使自己占据优势，得到最大收益，使损失最小。

在有进有退的斗鸡博弈中，前进的一方可以获得正收益值，而后退的一方也不会损失太大，后退可能会失去面子，但是失去面子总比伤痕累累甚至丧命要好得多。当然，更好的结果不是一方退让给一方胜利的机会，而是双方都能够妥协，都有所收获，取得双赢的最佳结果。可见，斗鸡博弈这一理论中包含着妥协的道理，甚至可以说，妥协是斗鸡博弈的精髓。如果凡事一定要争个输赢，那么不但僵局难以打破，而且还会给自己造成损失。

　　1787 年，新独立的美国在费城召开制宪会议，由于大州与小州的利益不同，会议陷入了国会代表产生方式的僵局。当时的情形是，各州的大小与人口多少不一致，小州希望参众两院都采用以州为单位的等额代表制，而大州则要求按照人口比例推选代表。双方僵持不下之际，康涅狄格州的代表谢尔曼提出了一个妥协方案：众院按照人口比例代表制，参院则实行等额代表制。小州做出妥协，表示同意，但是大州却不肯退让。这时小州代表声称，如果大州坚持按他们的想法一意孤行，小州就只能退出合众国。制宪会议进行到这里，随时都有分崩离析的危险。

　　正当双方僵持时，有两个佐治亚州的代表搭一辆马车离开费城去了纽约。他们都是本州大陆议会的议员。因为大陆议会在纽约办公，并且有事需要解决，所以他们离开费城，去了纽约，这对局势产生了影响。这时对会议表决起重要作用的还有马里兰州的代表杰尼弗和路德·马丁。杰尼弗的观点接近大州，路德·马丁的观点偏向小州。他们在投票的时候，经常意见相左，从而使马里兰州的投票常常作废。

　　当全体委员会再次进行表决时，杰尼弗却缺席了。赞成参院等额代表制的投票可以肯定的是四票。再加上杰尼弗意外缺席，马里兰州的一票，由路德·马丁做主投了赞成票，一共五票。杰尼弗在投票表决的重要时刻缺席，令很多人感到惊讶。原来他是故意不出席的，并且投票一结束，他又突然出现，还若无其事地步入会场，继续开会。他倾向于比例代表制，但是明白如果自己坚持，将会对会议乃至整个国家造成不良的后果，所以他决定用这种方式妥协，让路德·马丁一个人为马里兰州投下赞成票，从而使会议免于瓦解。后来持不同意见的双方几经妥协，费城会议正式接受了谢尔曼提出的康涅狄格妥协案，确定了未来国会两院的组成、选举办法和代表制。

　　被历史学家所公认的是，美国制宪会议的最终成功源于妥协精神。

可以毫不夸张地说，如果当初美国的先贤们没有妥协精神，而是摆出如斗鸡博弈中一副你死我活的姿态，以互不让步的方式来谈判，那么没有人知道今天的美利坚合众国将会是怎样的一副面孔。而纵观美国历史，从1787年费城制宪会议到现在，美国发生过许多冲突，如南北方冲突、种族冲突、工农业地区的冲突、贫富冲突等。但是，从来没出现过大小州的利益冲突。因此，美国人虔诚地把此次会议的妥协称作"伟大的妥协"。

斗鸡博弈不仅发生在政治领域，在日常生活中，类似的冲突也不鲜见，如夫妻间的矛盾。美国人认为，有两件事情夫妻不能一起做：一是装修，二是教对方开车。美国著名性学杂志《红书》曾做过专门报道，现实中因装修而导致夫妻离婚，或者打算结婚的年轻人因装修而分道扬镳的事件不断增加。2007年，美国有1/3的离婚原因是夫妻不和，其中，装修就是一个重要的导火索。

现实生活中，因装修引起的夫妻或恋人间的纷争多如牛毛，甚至有的恋人本来准备装修完新房结婚，可是实际上却是装修完了新房分手——因装修争吵伤了感情。为什么小两口会因为装修而伤了感情呢？或许斗鸡博弈可以给予解答——在一个问题上各执己见，谁也不肯让步，比如女方要装成现代风格的，而男方要装成古典风格的；女方想以浅色调为主，而男方非得买深色地板；女方希望装得精致一些，而男方认为差不多就行……无论在哪一个小的环节上二人发生冲突且互不相退让的话，一场家庭战争都有可能爆发。二人在一个问题上意见不一致，就吵一次；在十个问题上意见不一致，则会吵十次。如果在装修的过程中一直这样吵来吵去，就很有可能吵到要分手的地步。

但是如果懂得斗鸡博弈可能带来的后果，则情形会有所改观。假设夫妻二人装修意见有分歧，双方都坚持自己的意见，结果两个人都很不高兴，这时二人的收益都是−2；如果一方坚持，一方让步，则坚

持的一方收益是 1，而退步一方的收益为 –1，比较而言，两者的损失
比双方都坚持要小。也就是说，在装修问题上无论听谁的，总有一方
不高兴；但是如果因此而吵得不可开交，则两个人都不高兴。既然如
此，还不如让一个人高兴，因为这样总比两个人都不高兴强。

斗鸡博弈启示

　　在一场博弈中，双方利益发生冲突的情况下，并非只有鱼死
网破、你死我活一条路可以走，如果你要为自己最长远的利益打
算，就有必要在博弈中与对方达成妥协，很多情况下，只有妥协
才能使斗鸡博弈取得圆满的结局。

敲山震虎的威慑策略

　　公元 683 年 12 月，唐高宗李治驾崩，太子李显即位，是为唐中
宗。武则天以皇太后的身份临朝执政，她不能容忍唐中宗重用皇后韦
氏家族的人，就把唐中宗废了，立她的四儿子李旦为帝，就是唐睿宗。
但她不许唐睿宗干预朝政，一直由她自己做主。

　　唐朝的一些元老重臣对这种状况非常不满，徐敬业等人打着拥护
唐中宗的旗号，在扬州起兵反对武则天。武则天派出 30 万大军讨平
了徐敬业，杀了倾向徐敬业的宰相裴炎和大将程务挺。

　　叛乱平定以后，武则天知道朝中反对者仍然为数不少，于是以胜利
者的姿态召见群臣，对他们说："你们这些人中间，有比裴炎更倔强难
制的先朝老臣吗？有比徐敬业更善于纠集亡命之徒的将门贵族吗？有
比程务挺更能攻善战、手握重兵的大将吗？这三个人不利于我，我能杀

他们，你们有比这三个人更厉害的吗？"于是反对者没有人敢吭声了。

武则天的策略，可以称为敲山镇虎，也就是为自己制造声势，使潜在的敌人震恐，从而不敢与之正面交锋。其诀窍就在于在冲突即将发生时，向对手言明冲突的利害，从而使对手在权衡利弊后主动退出博弈。

斗鸡博弈启示

人们常说"两虎相争，必有一伤"，然而更为现实的情况是，杀敌一万，自损八千。也就是说，表面上的胜利，其实往往是以自身的体无完肤为代价换取的。为了避免这样的局面，博弈参与者可以先把博弈的形势以及最为现实的结果向对方说明，把选择权交给对方。如果对方也觉得僵持下去得不偿失，他自然就会做出明智的选择。

斗鸡博弈中的麻痹策略

《庄子·外篇·达生》中记载了这样一个故事：纪渻子为周宣王驯养斗鸡。过了十天，周宣王问："鸡驯好了吗？"纪渻子回答说："不行，正虚浮骄矜自恃意气哩。"十天后，周宣王又问，纪渻子回答说："不行，还是听见响声就叫，看见影子就跳。"十天后，周宣王又问，纪渻子回答说："还是那么顾看迅疾，意气强盛。"又过了十天，周宣王问，纪渻子回答说："差不多了。别的鸡即使打鸣，它已不会有什么变化，看上去像木鸡一样，它的德行真可说是完备了，别的鸡没有敢于应战的，掉头就逃跑了。"

　　故事中的一只鸡因为精神集中得像一截木头似的，结果就把对方的斗鸡给完全吓住了，以至"不战而屈人之兵"。这样的偶然也许有，但是很多时候必须一番斗力才能将对方完全制服。而在斗鸡博弈中，要想赢得胜利，麻痹策略就显示出了它的重要性。

　　麻痹敌人的方式有很多种，"呆若木鸡"是一种，而"笑里藏刀"又是一种；当"呆若木鸡"行不通的时候，就不妨考虑一下"笑里藏刀"。当面对较为强大或势均力敌的对手的时候，就不可一味强攻，这个时候可以通过表面上示好，以善良、动听的言辞作为假象，来掩盖真实用心和企图。"笑里藏刀"的诀窍就在于麻痹敌人，使其放松戒备，然后再趁机发动进攻。

　　在《红楼梦》里，王熙凤一共出场了80多次，其中大部分都是带笑出场，所以形容她"未见其人，先闻其声"。爱笑正是王熙凤明显的性格特征，真可谓"粉面含春威不露，丹唇未启笑先闻"。王熙凤几乎不笑不说话，并且笑法各异，或"忙笑"，或"冷笑"，或"假笑"，或"嘻嘻笑"。有时字里行间没有写笑，却都让人感到她在笑。她有时先笑后说，有时先说后笑，有时边说边笑，有时用笑表示开心，有时又用笑表示不满。当然，最可怕的正是王熙凤暗藏杀机的笑，这也是她的拿手好戏。被王熙凤害死的人，如贾瑞、张金哥、守备公子、尤二姐、司棋等人，几乎都是在她的笑声中死去的。特别是贾瑞和尤二姐，完全是她的"笑里藏刀"之计的牺牲品。

　　贾瑞是贾府中一位塾师的儿子，他因为贪恋王熙凤的美色，遂起淫心。王熙凤为了教训这个不知廉耻、目无尊卑的家伙，于是就假意逢迎，在一个寒冬的晚上和贾瑞约好了"约会"地点。后来贾瑞果真去了，先是被假王熙凤狠狠地敲诈了一笔，接着又被人锁到了露天的过道里，可是他又不敢声张，最后还被人泼了一身的屎尿，在外面被整整冻了一夜，第二天就死掉了。尤二姐是王熙凤丈夫的二房，也先是被王熙凤的"笑"给迷惑住了，继而王熙凤又使出一招借刀杀人之计，结果也要了尤二姐的命。

以上这两个情节，都很能体现王熙凤的足智多谋和阴险毒辣，她真正做到了"信而安之，阴以图之"的麻痹策略，直到贾瑞气绝之时还感觉王熙凤在"招手叫他"，尤二姐死时尚视王熙凤为知己姐妹。

在军事上，先去麻痹敌人，使得敌人变得骄傲起来，然后乘其不备而取之的例子也很多。所以说，麻痹的方式多种多样，"笑脸相迎"是主要的，俗话说"伸手不打笑脸人"，这样也就比较容易取得敌人的信任了。

三国时期，由于荆州地理位置十分重要，所以就成为兵家的必争之地。公元 217 年，吴国的鲁肃病死，至此，孙、刘联合抗曹的"蜜月期"结束。当时刘备麾下的大将关羽镇守荆州，孙权久存夺取荆州之心，只是眼见时机尚未成熟而已。不久以后，关羽就发兵进攻曹操所控制下的樊城，怕有后患，就留下重兵驻守公安、南郡，以确保荆州的安全。而孙权手下的大将吕蒙却认为夺取荆州的时机已到，但因有病在身，便建议孙权派当时毫无名气的青年将领陆逊接替他的位置。孙权应允，于是陆逊上任，驻守于陆口。当时，并不显山露水的陆逊就跟关羽定下了假和好、真备战的策略。

足智多谋的陆逊给关羽写了一封信，信中他极力夸耀关羽，称关羽功高望重，可与晋文公、韩信等人齐名；又自称一介书生、年纪太轻、难担大任，还要关羽多加指教。而关羽一向骄傲自负、目中无人，他看罢陆逊的信，仰天大笑道："无虑江东矣。"接着，他马上从防守荆州的守军中调出大部人马，一心一意攻打樊城。而陆逊暗地派人向曹操通风报信，约定双方一起夹击关羽。孙权也认定夺取荆州的时机已经成熟，便派出病愈的吕蒙为先锋向荆州进发。当时，吕蒙将精锐部队埋伏在改装成商船的战舰内，"白衣渡江"，日夜兼程，突然袭击并攻下了南郡。关羽得讯后急忙回师，但为时已晚，孙权大军已乘胜占领荆州。最后，曹操军又攻击其后，关羽只得败走麦城。

由此可见，在博弈中不要一味拿出锋芒毕露、咄咄逼人的架势，应该首先认真地研究对手，再采取适当的策略。而想办法麻痹敌人，做到笑里藏刀，这就算已成功大半了。

斗鸡博弈启示

在斗鸡博弈中，不要一开始就摆出一副你死我活的姿态，可以首先采用试探的方式，摸清对方的特点，如对骄傲自大的要增加他的傲气，对心怀畏惧的则要展示自己的威力。总之就是要尽量使敌人放松警惕，而自己则暗中准备，寻找有利时机发难。

留得青山在，不愁没柴烧

我们常说"狭路相逢勇者胜"，在斗鸡博弈中，狭路相逢的情况一旦发生，一定会是绝不退缩的"勇敢者"获胜吗？让我们来看一则历史故事。

汉高祖刘邦临死的时候，留下了"非刘姓者不得封王"的遗嘱。他的儿子汉惠帝在位的时候按这个遗嘱行事。汉惠帝死后，吕后临朝称制，就违背了刘邦立下的遗嘱，要立自己家姓吕的人为王。她征求朝中大臣的意见，右丞相王陵说："当初高祖在世，与臣等立下誓约，若有非刘姓而封王者，天下共击之。如今若封吕姓为王，是违背誓约的行为。"

吕后听了很不高兴，又问左丞相陈平、绛侯周勃，周勃等人回答说："如今太后为一国之主，封自己的子弟为王没有什么不合适的。"太后听了很高兴。

罢朝以后，王陵责备陈平、周勃等人说："当初盟誓的时候你们难道不在场吗？如今太后要封诸吕为王，你们只知道顺情讨好，却不顾与先帝的誓约，将来有何面目见先帝？"陈平等回答说："敢于直言谏诤，我们确实不如你；但是保存江山社稷和保护刘氏的后代，你就不如我们了。"

后来王陵因此被免去丞相职务，而陈平、周勃也因保存了自己的力量，最后灭掉诸吕，清除了吕氏的势力，迎立代王刘桓为帝，即后来的汉文帝。汉文帝当政时期，陈平、周勃均官居丞相。

我们用斗鸡博弈的模型来分析上述吕后与群臣的博弈：当时吕后权盛，如果"勇敢"地站出来公然反对吕后——也就是采取斗鸡博弈中"进"的策略，结果必定身受其害，王陵的遭遇清楚地说明了这一点；而陈平、周勃在这场博弈中采取了"退"的策略，保全了自身，也最终保住了刘氏的江山。由此可见，在斗鸡博弈中，虽是一进一退，但从长远的利益考察其结果，则"进"者未必赢，而"退"者未必输。

在一进一退的斗鸡博弈中，还会出现另外一种情形：一方已然采取了退的策略，而对方却还步步紧逼。我们再来看历史上著名的战争——城濮之战。

春秋时期，晋国公子重耳因受其父献公宠妃骊姬的迫害而逃亡。重耳流亡楚国时，楚成王认为重耳日后必有大作为，就以国君之礼相迎，待他如上宾。

一天，楚王设宴招待重耳，两人饮酒叙话，气氛十分融洽。楚王忽然问重耳："你若有一天回晋国当上国君，该怎么报答我呢？"重耳略一思索说："美女待从、珍宝丝绸，大王您有的是，珍禽羽毛，象牙兽皮，更是楚地的盛产，晋国哪有什么珍奇物品献给大王呢？"楚王

说："公子过谦了。话虽然这么说，可总该对我有所表示吧？"重耳笑
笑回答："要是托您的福，果真能回国当政的话，我愿与贵国友好。假
如有一天，晋楚之间发生战争，我一定命令军队先退避三舍（一舍等
于三十里），如果还不能得到您的原谅，我再与您交战。"

后来重耳真的回到晋国当了国君，就是历史上有名的晋文公；而
公元前632年，晋国和楚国之间真的发生了战争。由于楚国比较强大，
因此统军大将成得臣想要先发制人，率领楚国大军重兵压境。楚军一
进军，晋文公立刻命令往后撤。晋军后撤，楚军步步进逼，就这样，
晋军一口气后撤了九十里，到了城濮才停下来，布置好了阵势。而楚
军也一路追到城濮，跟晋军遥遥相对。成得臣还派人向晋文公下了战
书，措辞十分傲慢。

晋文公便派人回复说："贵国对我的恩惠，我从来都不敢忘记，所
以一直退让到这儿。现在，既然你们还是不肯罢手，那么，我们只好
在战场上比个高低了。"于是两军大战，结果晋国大败楚军，晋文公
经此一战，一举奠定在诸侯国中的盟主地位。

城濮之战的结局验证了在斗鸡博弈中"进未必得、退未必失"的
道理。在斗鸡博弈中，退却不完全是胆怯，更不代表退却的一方就是
懦夫。有时退却恰恰是一种极为高明的博弈策略：通过退却既可以麻
痹对手，使之以为自己胆怯，而于出其不意中将其击败；也可以为自
己创造有利态势，使得天时、地利、人和等有利因素倾向于己方；还
可以表示自己的大度，同时反衬对方的刻薄无情，取得舆论的同情与
道义的支持，从而改变博弈中敌强我弱的力量对比。总之，在斗鸡博
弈中，选择退却的一方，看似丢了面子，但是如果将退却策略运用得
当，也能最终赢得博弈。

斗鸡博弈启示

处于弱势的人也会有谋求发展壮大的进取之心，但是在自身条件尚未成熟的情况下，保存实力才是最重要的任务，也是求强求胜的前提。如果贸然与强势的对手针锋相对，那么成功的机会就会很渺茫，只能白白断送自己的努力和匮乏的资本。俗话说"留得青山在，不愁没柴烧"，只有保存好自己的实力，才有成功的可能。

猎鹿博弈是研究什么情况下合作能为双方带来最大化收益及产生最高效率的博弈理论。合作的收益要大于单独行动的收益，但只有对收益进行公平分配时，合作才有可能达成。合作中每个人的目的都是使自己的利益最大化，那么如何在合作中获取更多的利益，则是猎鹿博弈所要解决的问题。

第六章

猎鹿博弈
合作双赢的博弈策略

优化资源配置实现共赢

假如甲有台崭新的笔记本电脑但身无分文，只要有人肯出 3000 元他就愿意卖掉笔记本电脑。而乙有 4000 元，他想买一台笔记本电脑，并且愿意为此花费手中的 4000 元钱。两个人的选择都是成交或不成交。假设电脑的实际价值是 3700 元（但两人都不知道这一事实），两人愿意做交易，最后确定的成交价格是 3500 元。那么我们通常会说，在这个交易里面存在不公平的因素，甲吃了亏，因为他把本来值 3700 元的电脑少卖了 200 元，而乙占了便宜，因为他只花费了 3500 元就买了价值 3700 元的电脑。

实际上是这样的吗？让我们以博弈论的分析方法来看看甲、乙双方在这场博弈中各自的收益：

甲以 3500 元的价格卖掉他本以为价值 3000 元的电脑，在他看来自己的收益多了 500 元；乙花 3500 元得到他认为价值 4000 元的电脑，加上手里剩下的 500 元，收益比预期也多了 500 元。如果双方不进行交易，也就是甲手里还有一台他认为价值 3000 元的电脑，而乙手里有 4000 元钱，双方的预期收益都没有增加。

我们分析这场博弈可以发现，如果选择交易，对双方而言可以获得更大的收益。也就是说，电脑从低估价的人手里转到高估价的人手里，通过带有合作性质的交易行为，双方的收益都增加了。

要想知道为什么合作能够带来收益，以及它比公平更能实现利益最大化的原理，我们就需要了解一下博弈论中所说的猎鹿博弈。

猎鹿博弈的模型出自法国思想家卢梭在其著作《论人类不平等的

起源和基础》中描述的一个故事：古代的一个村庄有两个猎人。当地主要的猎物只有两种：鹿和兔子。在古代，人类的狩猎手段比较落后，弓箭的威力也有限。而鹿比较大，眼力好、奔跑迅速、生命力强，还有一对有力的角，两个猎人合作才能猎获 1 只鹿。如果一个猎人单兵作战，一天最多只能捉到 4 只兔子。从填饱肚子的角度来说，4 只兔子能保证一个人 4 天不挨饿，而 1 只鹿能使两个人吃上差不多 10 天。这样，两个人的行为决策就可以写成以下的博弈形式：要么分别捉兔子，每人吃饱 4 天；要么合作猎鹿，每人吃饱 10 天。

这个故事后来被博弈论的学者称为"猎鹿博弈"，它是博弈论中的一个著名的理论模型。通过对比单独行动与合作猎鹿的结果我们可以发现，"猎鹿博弈"明显的事实是，两人一起去猎鹿的好处比各自捉兔子的好处要大得多。用一个经济学术语来说，两人一起去猎鹿比各自去捉兔子更符合帕累托最优原则。

帕累托是一个人的名字，他是意大利的经济学家，他最伟大的成就是提出了"帕累托最优"这个理念。在经济学中，帕累托最优的准则是：经济的效率体现于配置社会资源以改善人们的境况，主要看资源是否已经被充分利用。如果资源已经被充分利用，要想再改善，我就必须损害你或别人的利益，要想继续改善，你也必须损害我或另外某个人的利益。如果用一句话简单地概括就是：要想再改善，都必须损害别人的利益，这时候就是一个经济已经实现了帕累托效率。相反，如果还可以在不损害别人的情况下改善任何人，就认为经济资源尚未充分利用，就不能说已经达到帕累托效率。效率是指资源配置已达到这样一种境地，即任何重新改变资源配置的方式，都不可能使一部分人在没有其他人受损的情况下受益。

在猎鹿博弈中，比较（10，10）和（4，4）两个纳什均衡，明显的事实是，两人一起去猎梅花鹿比各自去抓兔子可以让每个人多吃 6

天，我们说二人的境况得到了帕累托改善。

猎鹿博弈启示

双赢的可能性是存在的，而且人们可以通过合作达成这一局面，合作是利益最大化的武器。如果对方的行动有可能使自己受到损失，应在保证基本收益的前提下尽量降低风险，与对方合作，从而得到最大化的收益。

你为什么觉得社会不公平

对猎鹿模型的讨论，我们的思路实际只停留在考虑整体效率最高这个角度，但却忽略了效率与公平的冲突问题。如果仔细分析，我们会发现该案例中有一个隐含的假设，就是两个猎人的能力和贡献相当，双方均分猎物。可是实际上显然存在更多不同的情况。比如说一个猎人的能力强、贡献大，他就会要求得到较大的一份。但有一点是肯定的，能力较差的猎人的所得，至少要多于他独自打猎的收获，否则宁可单独行动。

我们不妨做这样一种假设，猎人甲比猎人乙狩猎的能力要略高一些，或者猎人甲的爸爸是酋长，拥有分配鹿肉的话语权。如果这样的话，猎人甲与猎人乙合作猎鹿之后的分配就很可能不是两人平分成果，而是处于优势地位的猎人甲分到更多的鹿肉（比如可供吃17天的），而处于劣势地位的猎人乙分得相对少的鹿肉（比如只够吃3天的）。在这种情况下，整体效率虽然提高了，但却不是帕累托改善，因为整体的改善反而伤害到猎人乙的利益。毕竟如果不与猎人甲合作，猎人乙单独狩猎捕获的野兔可供 4 天之需，所以在这种情况下他不会选择与猎人甲合作。

生活中不乏这样的例子。比如张三与李四是好朋友，他们要合伙开一家公司。开公司之前张三与李四都给别人打工，假设其年薪都是 20 万元。而二人合伙在利润分配上，约定张三拿 70%，李四拿 30%，算下来张三每年可以分得 35 万元利润，而李四只能分得 15 万元利润。这时相对于二人分别给人打工的收益（20，20），合伙开公司就不具有帕累托优势。因为虽然 35+15 比 20+20 大，二人的总体收益也改善了很多，但是由于李四的所得 15 万元少于他自己给人打工的所得 20 万，他的境遇不仅没有改善，反而恶化，所以站在李四的立场，（35，15）不如（20，20）好。如果合作结果是这样，那么，李四一定不愿意与张三合作。

这就涉及帕累托改善与帕累托效率的问题。在上一个例子中，如果张三、李四两个人通过合伙做生意，收入从以前的（20，20）变成了（25，25），我们说两人的境遇得到了帕累托改善。而如果两人通过合伙做生意，收入从以前的（20，20）变成了（35，15），虽然总体收入有所提高，但是我们只能说这个合作体现了帕累托效率，但是称不上帕累托改善。由此可见，帕累托改善应是双方都认可的改善，而不是牺牲一方利益的改善。

"帕累托效率"与"帕累托改善"具有很强的现实意义，长期以来受到经济学界的关注。比如对于中国的经济改革，人们一致认为是一种帕累托改善的过程，因为虽然有一部分先富了起来，社会不平等现象也在增加，但是总体上人们的收入增加了，相对于改革以前生活得到了很大的改善。也就是说，社会群体在改革中获益，尽管社会上存在一些不满情绪与不平衡心态，尽管人们对于改革过程中出现的一些社会不公平现象众说不一，但人们对于改革的成果和必要性基本持肯定与赞扬的态度。

可是随着改革开放的深入，似乎越来越多的人又开始怀念起"大锅饭"的日子。随着发展的深入，帕累托改善在某些情况下逐步被帕累托效率取代。"不患寡而患不均"，一旦在分配中忽视了公平，博弈中的弱势群体就会有不满、牢骚、抱怨、怠工，甚至会引发更大的矛盾。

猎鹿博弈启示

现实生活中，很多老板自己消费，出手绝对阔绰；但在给员工发工资时却锱铢必较，甚至恶意拖欠工资的事也时有发生。员工在这样的企业中工作，发牢骚、抱怨、偷懒、得过且过实在是再正常不过的事。可见，牺牲公平去追求效率，从长远看无法形成一个稳定的均衡。

合作是"消灭"对手的最好方式

战国末期，赵国因有蔺相如与廉颇这一文一武两位贤臣，使得秦国在与赵国的交锋中一直占不到便宜。可是廉颇是武将，其功劳是在战场上出生入死拼杀出来的；而蔺相如是文臣，没有战功，凭借完璧归赵与渑池相会两次在外交上为赵国争得利益，因此备受赵王器重，被赵王封为上卿，位列廉颇之上。廉颇心中不服，凭着自己战功多、资格老，对蔺相如很不礼貌，并公开宣称，如果遇到蔺相如，就要好好羞辱他一番。

蔺相如听到消息后，经常称病不上朝，以免见到廉颇，出门时如果远远地看见廉颇也赶紧避开，免得发生正面冲突。手下人看不过去，问蔺相如为什么这么怕廉颇，蔺相如回答："秦王我都不怕，怎么会怕廉颇？我之所以避让他，是考虑秦国时刻对我们赵国虎视眈眈，秦国之所以不敢加兵于赵国，只是因为有我们两个在。如果我们二人不和，非要争个你死我活，岂不正中秦国下怀？我之所以这样，是不敢因私废公罢了。"廉颇听说后非常惭愧，到蔺相如府负荆请罪，二人从此成为刎颈之交。

这段"将相和"的故事之所以成为千古美谈，不仅在于故事中人物的高风亮节，而且在于它给了我们一个启示：一个团队在争生存、求发展的过程中，只有坚持团结、合作、取长补短，才是对大家都有利的选择。

但是从博弈论的角度来分析，这只是一个很感性的认识。在现实的博弈中，人们是否会选择合作，或者合作能够维持多久，与每个人的利益密切相关。通过前面的学习我们知道，在一场囚徒困境博弈中，参与者的策略组合往往有以下四个：

第一，双方都合作，对集体而言是最优策略；

第二，自己合作，对方背叛，则自己会在博弈中吃亏；

第三，自己背叛，对方合作，则对方会在博弈中吃亏；

第四，双方都背叛，无论是对集体还是对个人而言都是最坏的结果，但却是这场博弈中唯一的纳什均衡。

了解中国战国时期各国的合纵与连横的历史，有助于我们理解上述问题。

战国时期，齐、楚、燕、韩、赵、魏、秦七雄并立。战国中期，齐、秦两国最为强大，东西对峙，互相争取盟国，以图击败对方。其他五国也不甘示弱，与齐、秦两国时而对抗、时而联合。大国间冲突加剧，外交活动也更为频繁，出现了合纵和连横的斗争。

先是苏秦说服了东部的燕、赵、韩、魏、齐、楚六个大国组成南北防御联盟——当时称为"合纵",共同对抗西部秦国的侵略。这六个国家约定,无论秦国出兵攻击哪一个国家,其他国家都发兵相助,共同对付秦国。秦国对合纵既怒且恐,但又无可奈何。这时苏秦的同学张仪"横空出世",来到秦国为秦王献上了"连横"之策,即利用六国之间的矛盾,恩威并施,拆散了他们之间的联合。最终,六国逐个被秦国灭掉。

从这个例子中可以看出,六国采取"合作"策略时,秦国虽然强大,但不敢轻易出兵讨伐任何一国;六国一旦各自为战,就会轻易地被强秦所灭。

传统竞争模式中,企业间的竞争往往以对抗为中心,以至于自我过分关注于对手的举动,并将大部分注意力集中在思考对策上,这种竞争模式使企业忽略了自身战略目标的详细制定,限制了自我创造力的发挥,导致零和局面不断出现。但事实上,竞争永远存在,过分敌视竞争对手,只会让企业忽略同行业联手有可能带来的巨大盈利。

猎鹿博弈启示

随着世界经济一体化的形成,企业经营逐渐全球化,世界贸易自由化趋势越来越强,企业所面临的竞争早已从国内延伸到了国际。在巨大的竞争压力与争夺全球市场的强烈动机下,企业只有采取联盟竞争的战略,通过各种不同形式的合作,才能创造出更强的竞争优势。

大猪和小猪共同生活在一个猪圈里。猪圈很长，一头是踏板，一头是食槽。只要一踏踏板，食物就会落入槽中。如果大猪跑去猪圈的一头踏踏板，等它回来时小猪已经把食物吃下许多；而如果小猪去踏踏板，等它回来时槽中食物更是所剩无几。大猪与小猪，谁更有动力踏踏板呢？正如一家企业中，有勤劳肯干、任劳任怨的员工，也有拈轻怕重、偷奸耍滑的员工，如何才能让所有员工都能在公平的环境中积极地工作呢？这就是智猪博弈将要讨论的话题。

第七章

智猪博弈
借他人之力获益的博弈策略

弱势也能成为克敌制胜的武器

科学家做过一个实验，在猪圈里放进一头小猪和一头大猪，并且在猪圈的一端安装一个踏板，猪在踏板上每踩一下，踏板另一端的投食口就会落下食物。当小猪踩踏板时，大猪就能够跑到猪圈的另一端获得食物，还会将食物全部吃完；而当大猪踩踏板时，小猪也能得到食物，同时还能剩下一些食物。时间一长，聪明的小猪躺在投食口附近一直不动，大猪没有其他对策，为了吃到食物只好积极合作，努力踩踏板。

这就是有名的"智猪博弈"。处于弱势的小猪能在食物争夺战中占据有利地位，而大猪对此毫无办法，这是因为小猪很好地利用了"游戏规则"。

现实生活中，许多人由于自身条件的限制，在与别人进行博弈时往往会处于下风，这时候，不妨采用小猪的"等待策略"，让对方主动为自己让利。

弱者往往具有一个特点，就是相对强者而言他们更"输得起"。在这种心理优势面前，弱者会与对方干耗下去，等到对方做出妥协，最终就可能无奈地让出部分利益。

两个相互竞争的对手，往往会因为利益发生冲突，这时候，弱势的一方可能会摆出死磕到底、绝不让步的架势。而强者可能就有所考虑，如果一直争斗下去，对自己毫无用处，不如做一些妥协，这样反而会把损失降到最低。

还有一种方式就是搭对方的"顺风车"，这在大小企业的竞争中经常出现。在市场经济中，面对同一块市场，小企业为了减少开发成本和风险，往往会等待大企业先行开发市场，自己再慢慢跟进。大企业当然也想等到时机成熟再慢慢跟进，可是如果双方都不采取行动的话，这块市场就有可能被别人占有，在小企业的"死等战术"面前，大企业逼不得已只好被迫率先采取行动。

这种"搭顺风车"的策略也会被运用到战争中。比如甲、乙两国都与丙国为敌，其中甲国稍强，而乙国比较弱，如果甲、乙其中一国率先向丙国发起进攻，另一国肯定会坐收渔翁之利。两国都想到了这一点，因此都不敢轻举妄动。这时候，稍弱的乙国就可以选择等待，因为一旦自己率先发起进攻，可能得不到任何利益。

可是甲国等不起，为了实现自己的政治目的，它必须尽快灭掉丙国，而且自己力量占优，在打败丙国后，仍然留有一定的实力，这样就能保证战争胜利后，不会被乙国独霸利益。经过权衡之后，甲国很有可能会率先发起进攻，而聪明的乙国就可以轻松得到自己的利益。

这是弱者的一种生存之道，也是将弱势转化为竞争优势的一种策略。当然，这种策略总是显得有些被动和消极，因为决策能否成功往往取决于博弈的对方，而且你的成功往往是用对方的成本换来的，对方肯定不会长久忍受下去，一旦对方不想做出让步或不愿再为你作嫁衣，那么你将得不到任何利益。

智猪博弈启示

"智猪博弈"中小猪的手段看起来更像是一种无赖的取巧手段，容易招致别人的反感，甚至会反受其害。一般人不会和一个无赖死缠到底，无赖也正是抓住别人这样的弱点，所以总是不断提出无理要求。可是他往往会忽略一点，那就是人的容忍度是有限的，一旦这个无赖故技重施，甚至得寸进尺，那么别人就可能会做出凶狠的反击，到时候，无赖就会得不偿失。

把握一切可以利用的机会

本来，在与大猪的博弈中，小猪明显处于下风，它不能像大猪那样随心所欲，因为它输不起。而要在与大猪的博弈中赢得生存权，小猪就必须学会把握一切可以利用的机会，从而使得自己立于不败之地。

机会总是有的，只要善于把握，比如，大猪因为自身的先天优势，它就可能会表现出骄傲、麻痹的情绪来，这时小猪便正好利用；再比如，可能在大猪看来可以将就的事情，对小猪而言却是至关重要的事情，所以它才能够从大猪嘴里"抠"出一些粮食来维持生计。而在人的博弈中，也有强者和弱者之分，两者为了自己的利益最大化，都可以尽量地利用对方的疏忽来打败对方。而对方的疏忽，也正是自己所要努力寻求的机会，机不可失，时不再来，所以也更应该坚决果断地出击，把握机会达到自己的目的。

比如在战争中，敌人可能会在某个时间段或某个关节而疏于防备，这时候己方正可乘机出击。李愬雪夜下蔡州就是这方面的一个典型：唐朝中后期，藩镇不服从中央的号令、闹独立的倾向非常严重，当时就有一位新任的蔡州节度使吴元济起兵叛乱，唐宪宗于是就派出了大将李愬出兵平叛。

李愬到任后，先是放风麻痹吴元济，说自己只是个懦弱无能的人，而朝廷之所以派他来只是为了维持地方秩序而已，至于攻打吴元济，根本与他无关。后来吴元济也侦察到李愬一点动静也没有，就放松了警惕。其实，李愬一直暗中部署直攻吴元济老巢蔡州的策略，他先是收买了吴元济手下的大将李佑，并从李佑那里得知蔡州正是吴元济最大的空隙，因为那里驻防的都是一些老弱残兵。假使唐军能够迅速直捣蔡州，那么一定会收到出奇制胜的效果，一举活捉吴元济。

在一个雪天的傍晚，李愬率领精兵抄小路直抵蔡州城边，他趁守城士兵呼呼大睡时，突然登城并成功打开了城门，唐军就这样静悄悄涌进了城。最后，还在睡梦中的吴元济就成了唐军的瓮中之鳖。

在任何博弈中，机会肯定都是不会缺少的，只要能够把握机会，就能够赢得胜利。

智猪博弈启示

机会是事业发展的关键，凡是做大事的人，都善于把握一切可以利用的机会。在追逐成功的旅程中，努力与才能固然重要，但是机遇也是不可或缺的因素之一。善于抓住机遇并创造机遇的人不会退缩也不会迟疑，他们会最大限度地为自己铺就成功的基础，张开双臂迎接幸运女神的到来。

不占先机也可后发制人

元朝末年，全国各地掀起了反抗朝廷暴政的起义。除了我们大家熟知的明太祖朱元璋外，还有刘福通、徐寿辉、张士诚、陈友谅等也都各占一方。1351年，徐寿辉称帝，建立天完政权；1354年，张士诚称王，建立大周政权；1355年，刘福通立韩林儿为小明王，建立宋政权；1360年，陈友谅称帝建立大汉政权；1362年，明玉珍称帝建立大夏政权。而朱元璋攻下南京后，却出人意料地不但没有称帝，反而采纳谋士朱升的建议，奉行"高筑墙，广积粮，缓称王"的方针。

让我们再来看看结果如何？先称王称帝的，只会成为元朝军队的首要进攻目标，彼此之间频繁交战，弄得元气大伤。而"缓称王"的朱元璋一方面得以巧妙地避免成为众矢之的，另一方面可以从容地积蓄力量，扩充实力，最后坐收渔翁之利。

朱元璋"缓称王"这一举措，巧妙地把自己置身于"智猪博弈"中"小猪"的位置上。谁称王，谁自然成了反元的主力，而且称王之人彼此间也最有威胁。而"缓称王"一时不会引起太多的注意，等力量壮大、时机成熟再动手。称王称帝的"大猪"们相互厮杀，实际上给了"缓称王"的朱元璋以搭便车的机会。

如果把先称王的义军首领称为"领先者"，则缓称王的朱元璋则是"跟随者"。相比较而言，在自己的实力不是很强大的情况下，采取跟随一流企业的发展战略则相对明智。它风险最小、成功率最高、却回报优厚。比如美国在复印机、汽车、传真机等诸多领域的技术和市场优势都曾占有主导地位。在日本企业与美国企业的较量中，美国企业的技术优势是有目共睹的，日本企业采取跟随战略，引进技术、消化吸收再创造，取得了成功，接二连三地取代了美国企业许多产品的市场主导权。在这场博弈中，作为"领先者"的美国企业给作为

"跟随者"的日本企业提供了搭便车的机会。

上述智猪博弈中的"搭便车"现象给了我们一个关于"后发制人"的启示：在智猪博弈中，小猪的优势策略就是等着大猪去踩踏板，然后自己获利。换一种说法就是，小猪具有后发优势，即如果大猪不去踩踏板，不会增加小猪的损失；大猪踩踏板，小猪可以多吃一些食物。在这场博弈中，对于小猪而言，其策略选择的利弊非常清晰，即"后发制人，先发制于人"。

现实中其实不乏"后发制人，而先发制于人"的例子。《论语·为政》中有这样一段话：子张学干禄。子曰："多闻阙疑，慎言其余，则寡尤；多见阙殆，慎行其余，则寡悔。言寡尤，行寡悔，禄在其中矣。"

把这段话翻译过来就是：子张向孔子问获得官职与俸禄的方法。孔子说："多听，保留有怀疑的地方，谨慎地说那些可以肯定的部分，就会少犯过错；多看，不干危险的事情，谨慎地做那些可以肯定的部分，就不会失误后悔。讲话少过错，行事少后悔，官职、俸禄自然就会有了。"如果再说得直接干脆一点，就可以总结为：要想升官，就要记住晚说、少说，想清楚了再做。这是符合智猪博弈中的"后发策略"的。你先说了，说多了，先做了，未经考虑就做了，往往给了对手观察你的机会，他就根据你所采取的策略来制定自己的策略，而你却无法得知他将采取什么行动，这无疑让对手大占便宜。

智猪博弈启示

先出招固然有时可以抢占先机，但对于弱势一方，后出招反而会取得出人意料的胜利，这也是为什么足球比赛中相对较弱的一方会采取"防守反击"的原因之所在。当然，在实际的博弈中，形势千变万化，对于先发还是后发，只能由博弈高手"运用之妙，存乎一心"了。

A、B 两个游戏者各拿出一枚 1 元的硬币放在桌子上，当两枚硬币都是正面或反面朝上时，A 胜，他可以拿回自己的硬币并赢走 B 的硬币；如果两枚硬币一正一反时，B 胜，他可以拿回自己的硬币并赢走 A 的硬币。在这场博弈中，每个人的胜向取决于对方的硬币是正还是反，但每个参与者都无法确知对方的硬币将是哪一面朝上，因此进行这场博弈的最佳方法就是随机出正面和反面，概率各为 50%，这就叫作混合策略。

第八章

混合策略
迷惑对手的心理博弈策略

警察与小偷的博弈

某个小镇上只有一名警察，他负责整个镇子的治安。现在我们假定，小镇的一头有一家酒馆，另一头有一家银行。再假定该地只有一个小偷。因为分身乏术，警察一次只能在一个地方巡逻；而小偷也只能去一个地方。若警察选择了小偷偷盗的地方巡逻，就能把小偷抓住；而如果小偷选择了没有警察巡逻的地方偷盗，就能够偷窃成功。假定银行需要保护的财产价格为 2 万元，酒馆的财产价格为 1 万元。警察怎么巡逻最好？

通过分析，我们会发现这样一种情形：警察巡逻某地，偷盗者在该地无法实施偷盗，假定此时小偷的得益为 0（没有收益），此时警察的得益为 3（保住 3 万元）。一般情况下人们会认为：警察当然应该在银行巡逻，因为到银行巡逻可以保住 2 万元的财产，而到酒馆则只能保住 1 万元的财产。实际上这种做法并非总是那么好的，因为如果小偷也这么想，那么他去酒馆行窃则会顺利得手。

那么警察到底是应该去银行巡逻，还是应该去酒馆巡逻呢？博弈论告诉我们：警察最好的做法是，用掷骰子的方法决定去银行还是去酒馆。假定警察规定掷到 1 ~ 4 点去银行，掷到 5、6 两点去酒馆，那么警察就有 2/3 的机会去银行巡逻，1/3 的机会去酒馆巡逻。

我们再来看小偷的最优选择，居然也是同样以掷骰子的办法决定去银行还是去酒馆偷盗，只是掷到 1 ~ 4 点去酒馆，掷到 5、6 两点去银行，那么，小偷有 1/3 的机会去银行，2/3 的机会去酒馆。此时警察与小偷所采取的策略，便是博弈论中所说的混合策略。所谓混合策略，是指参与者在各种备选策略中采取随机方式选取并且可以改变，而使之满足一定概率的策略。

我们通过观察类似警察与小偷博弈可以发现，并非所有的博弈都有优势策略或劣势策略，而大家经常面临的，恰恰是混合策略。而解决混合策略问题的最好方法就是：不用刻意去想应该怎样解决问题。就像小孩子玩"石头、剪刀、布"的游戏一样，石头可以磕破剪刀，剪刀可以剪布，而布又可以包起石头。你不会知道对手会出什么，无论你怎么想，都不会得到一个最优策略。这种游戏中，最好的方法也许就是根本不要去想下次该出什么，想到什么就出什么好了，或者压根儿不用想，出什么就是什么好了。

此外，可以尝试利用规律迷惑对方，造成对手的判断出现失误。如果再用博弈论的观点来分析，很多情况下我们不应该将不可预测性等同为输赢机会相等，而是应该通过有计划地偏向一边而完善自己的策略，只不过这样做的时候要想办法不让对方预见得到。刘邦当初屡屡制服韩信，使用的就是声东击西之计，刘邦的行为原则就是欺骗性。

有一回，韩信、张耳在刚打下赵国时，刘邦却被项羽打得大败，只好投奔韩信那里暂避。此时，刘邦也很想征调韩信的军队，可是他又担心韩信会不答应，因为当时韩信虽然名义上是刘邦的下属，可是他的实力已经很强了。思前想后，刘邦便决定给韩信、张耳来个突然袭击。一天清晨，刘邦突然自称汉使，闯入了韩信、张耳的营垒，这个时候韩信、张耳都还没有起床，于是刘邦直入他们的卧室，就把象征着军权的军符印信给抢走了。最后，当韩信、张耳明白过来时，刘邦已经是大权在手了，韩信、张耳只得就范，一个被安排去打齐国，一个被安排去赵国坐镇。

先前，刘邦人在成皋这个地方，离韩信的军营尚远，此为声东；他清晨骤至，还诈称汉使，这又是一招声东；而他抢夺印信，掌握了军事指挥权，这就是击西。刘邦步步都具有迷惑性，而且他又干脆果断，所以才取得了胜利。

规律中隐藏着陷阱

　　《三国演义》第七十二回"诸葛亮智取汉中，曹阿瞒兵退斜谷"中，曹操亲率大军与刘备争夺汉中。两军隔汉水相峙。书中写道：

　　操大怒，亲统大军来夺汉水寨栅。赵云恐孤军难立，遂退于汉水之西。两军隔水相拒，玄德与孔明来观形势。孔明见汉水上流头，有一带土山，可伏千余人，乃回到营中，唤赵云分付（吩咐）："汝可引五百人，皆带鼓角，伏于土山之下；或半夜，或黄昏，只听我营中炮响：炮响一番，擂鼓一番。只不要出战。"子龙受计去了。孔明却在高山上暗窥。次日，曹兵到来搦战，蜀营中一人不出，弓弩亦都不发。曹兵自回。当夜更深，孔明见曹营灯火方息，军士歇定，遂放号炮。子龙听得，令鼓角齐鸣。曹兵惊慌，只疑劫寨。及至出营，不见一军。方才回营欲歇，号炮又响，鼓角又鸣，呐喊震地，山谷应声。曹兵彻夜不安。一连三夜，如此惊疑，操心怯，拔寨退三十里，就空阔处扎营。

　　两军对垒，曹操于深夜听到赵子龙鼓角齐鸣，于是下令三军严阵以待，这种做法无疑是正确的，因为一旦蜀军真的劫营，曹操必定损失惨重。可是后来他发现上了当，蜀军"干打雷，不下雨"，并未真的出兵劫营。有意思的是，只要曹操军营"兵士歇定"，诸葛亮就放炮，赵云就鼓角齐鸣，而曹操就不得不又严阵以待。

的确，面对诸葛亮与赵云的骚扰，严阵以待是曹操所能选择的最佳策略。因为蜀军鼓角齐鸣之际，就意味着可能会发起进攻（也可能不进攻），无论蜀军是否真的进攻，曹军只能严阵以待。因为这样无非"折腾人"一些，但总比蜀军真的杀到，曹军却毫无准备强。结果是曹操不堪其扰，下令撤军三十里。从博弈论上来讲，曹操选择后撤是明智的，虽然后来他还是中了诸葛亮之计而兵败，但那已是另一场博弈了。

我们再看一个采用相反策略的例子，这个例子出自《神雕侠侣》，讲述的是杨过与蒙古王子霍都比武的情形：

忽见杨过铁剑一摆，叫道："小心！我要放暗器了！"霍都曾用扇中毒钉伤了朱子柳，听他如此说，知道他的铁剑就如自己折扇一般，也是藏有暗器，无怪他不用利剑而用锈剑，自己既以此手段行险取胜，想来对方亦能学样，见杨过铁剑对准自己面门指来，急忙向左跃开。却见杨过左手剑诀引着铁剑刺到，哪有什么暗器？

霍都知道上当，骂了声："小畜生！"杨过问道："小畜生骂谁？"霍都不再回答，催动掌力。杨过左手一提，叫道："暗器来了！"霍都忙向右避，对方一剑恰好从右边疾刺而至，急忙缩身摆腰，剑锋从右肋旁掠过，相距不过寸许，这一剑凶险之极，疾刺不中，群雄都叫："可惜！"蒙古众武士却都暗呼："惭愧！"

霍都虽然死里逃生，也吓得背生冷汗，但见杨过左手又是一提，叫道："暗器！"便再也不去理他，自行挥掌迎击，果然对方又是行诈。杨过一剑刺空，纵前扑出，左手第四次提起，大叫："暗器！"霍都骂道："小……"第二个字尚未出口，蓦地眼前金光闪动，这一下相距既近，又是在对方数次行诈之后毫没防备，急忙踊身跃起，只觉腿上微微刺痛，已中了几枚极细微的暗器。

上文中，霍都之所以中了杨过之计，就是因为在杨过几次欺骗后放松了警惕。其实每次霍都正确的策略应该是无论杨过是否放暗器，他都要时刻防备暗器，只有这样才能保证不被暗器伤到。

这个故事给我们的启示就是，博弈中取胜的基本思路是要考虑对手的思路，且必须考虑到对手也在猜测你，无时不在寻找你的行动规律，以便有的放矢地战胜你。但是你也可以利用"规律"迷惑对手，在看似有规律的行动中，突然又"不规律"起来，这时对手往往就会手忙脚乱，从而使你在博弈中获胜。

《孙子兵法》中所说的"凡战者，以正合，以奇胜。故善出奇者，无穷如天地，不竭如江海……战势不过奇正，奇正之变，不可胜穷也"正是这个意思。而对于自己而言，稳健是博弈的要务，想赢别人一定要先把赢的每一个环节都考虑周到，不能让对手发现任何规律，否则，想赢别人的时候往往也正是你的弱点暴露得最明显的时候。如果没有真正了解对手的策略就仓促出手，对手就可能乘机抓住你的弱点，你可能反倒输了。

混合策略启示

在博弈开始后你摸不清对方的规律并不可怕，但是如果对方的规律明显得出乎意料，那么你一定要分外警惕，因为这可能是对方为你设置的一个陷阱。而在日常生活中给我们的一个启示就是，如果一件事情听起来对你太有利了，几乎好处全在你这一边，你就要仔细地考察它的真实性了。

脱颖而出的永远是少数

唐贞观十九年（公元 645 年），唐太宗李世民由洛阳出发，亲征高丽。高丽不甘示弱，派大将高延寿和高惠真率 15 万大军前来迎战。唐太宗选了一个高坡观战。当时战场上阴云四起，雷电交加。双方刚一接阵，唐军中就有一身穿耀眼白袍的小将，手中握戟，腰挎大弓，大吼一声冲入敌阵。敌将惊慌失措，还没来得及分兵迎战，阵形已被冲散，士卒四散奔逃。唐军在那员小将的率领下掩杀过去，高丽军大败。

战事刚一结束，唐太宗马上到军中询问："刚才冲在最前面的那个身穿白袍的将军是谁？"有人回答："是薛仁贵。"

唐太宗专门召见了薛仁贵，对他大加赞赏，还赏了他两匹马、40匹绢，并加封他为右领军中郎将，负责守卫长安太极宫北面正门玄武门。此后，薛仁贵多次率兵南征北战，立下了"三箭定天山"的功劳，官至右威卫大将军、平阳郡公兼任安东都护。

薛仁贵的白袍策略在博弈上称为"少数派策略"。在生活中，不难发现，那些与众不同的少数者往往更有好运气。其实，不是他们的能力比我们强多少，只是他们更善于运用"少数派策略"。一件显眼的衣服，一句惊人的话，一个特别的举动，就能把自己的优点勾勒出来。而有的人则唯恐别人发现自己，坐在角落里，站在人堆里，不言不语，然后回家再抱怨自己为何不走运。不主动把握机会，它怎么会忍心叫醒沉睡的你呢？

美国钢铁大王卡耐基小时候就曾受过一次深刻的"少数派策略"的教育。有一天，卡耐基放学回家的时候经过一个工地，看到一个老板模样的人正在那儿指挥一群工人盖一幢摩天大楼。卡耐基走上前问道："我以后怎样能成为像您这样的人呢？"老板郑重地回答："第一，勤奋当然不可少；第二，你一定要买一件红衣服穿上！""买件红衣服？这与成功有关吗？难道红衣服可以带给人好运？""是的，红衣服有时的确能给你带来好运。"老板指着那一群干活的工人说，"你看他们每个人都穿着蓝色的衣服，我几乎看不出有什么区别。"说完，他又指着旁边一个工人说："你看那个工人，他穿了一件红衣服，就因为他穿得和别人不同，所以我注意到了他，并且通过观察发现了他的才能，正准备让他担任小组长。"

在现实生活中，资源是有限的，这就决定了只有少数人能享受到多数的资源。为此，能够采取"万绿丛中一点红"的策略的人，无疑是极其明智的。虽然他不一定懂得这其中的博弈论原理，但是只要悟透了其中的智慧，你一样会在人生的博弈中成为脱颖而出的胜利者。

混合策略启示

同样一件事，有的人能够想到别人所想不到的，结果就取得了成功。大多数人之所以没有能够取得成功，并不是因为他们没有条件，而是因为他们根本没有动脑思考，根本没有去想别人所想不到的事情。成功总是属于那些有思想、有远见的人，总是属于那些能够想别人所不敢想的人。那些目光短浅的人，永远都不可能取得成功。

少数派策略就是逆向思维

明代小说家冯梦龙的《智囊·上智部》中讲了这样一个故事：张忠定知崇阳县，民以茶为业。公曰："茶利厚，官将榷之，不若早自异也。"命拔茶而植桑，民以为苦。其后榷茶，他县皆失业，而崇阳之桑皆已成，为绢岁百万匹。民思公之惠，立庙报之。

上文所说的"张忠定"是北宋名臣张咏，曾在宋太宗、宋真宗两朝做过大官。张咏在崇阳县做知县的时候，当地百姓以种茶为业。张咏到任之后却发布了一道很"害民"的命令：把茶树全部拔去，改种桑种。张咏的解释是种茶利润太高了，政府一定会转为官营，所以不如早种桑树。这项政策实施起来，等于一下子断了百姓的财路，百姓自然怨声载道。但是没过多久，政府果然宣布茶叶专营，附近以茶为生的县，百姓大多失业，而这时崇阳县的桑树已经能够给百姓带来丰厚的利润了。百姓们此时才领悟到张咏的一番苦心与先见之明，为张咏立庙来报答他的恩泽。

张咏的做法，给我们提供了一个思路，当千军万马都在奔向"阳关大道"时，阳关大道反而会变得异常拥挤，甚至有人看到走这条路的人这么多，会设个收费站收点"买路财"。而这时如果你能另辟蹊径，未尝不能比别人更早到达终点。在这里，舍弃"阳关道"，奔向"独木桥"，是"少数派策略"的另一种表现形式，也是一种有远见的博弈行为。

西汉初年，刘邦除掉韩信之后，将他的谋士蒯通也抓了起来，并准备杀了他。行刑之前，刘邦逼蒯通当众供出自己与韩信谋反的"罪状"。在这种情况下，蒯通没有极力为韩信和自己辩护，而是正话反说，一一列出了韩信的十大罪状。实际上，他说的十条正是韩信为汉朝立下的十大汗马功劳。

言语一出，许多大臣为之感动落泪。接着他又故意说韩信有三愚："韩信收燕赵，破三齐，有精兵四十万，恁时不反，如今乃反，是一愚也；汉王驾出成皋，韩信、在修武，统大将二百余员、雄兵八十万，恁时不反，如今乃反，是二愚也；韩信九里山前大会战，兵权百万，皆归掌握，恁时不反，如今乃反，是三愚也。韩信既有'十罪'，又有'三愚'，岂不自取其祸。"最后，这些话赢得了群臣的同情，这让刘邦也无法下手杀他了。

在危急关头，蒯通故意说韩信有"十罪三愚"，实际上却是在反证韩信一贯的忠心耿耿，怎么可能谋反呢？既然韩信都没有谋反，他蒯通的共同谋反的罪行不也就不成立了吗？可见，这种正话反说的效果比直接鸣冤叫屈要好得多。

人们习惯于沿着事物发展的正方向去思考问题，并寻求解决办法。其实，对于某些问题，尤其是一些特殊问题，运用逆向思维更容易使问题得到更好的解决，甚至有时可以使别人认为无可挽回的事情"起死回生"。

在一次欧洲篮球锦标赛上，保加利亚队与捷克斯洛伐克队相遇。在比赛仅剩下 8 秒钟时，保加利亚队领先捷克队 2 分，可以说是已稳操胜券。但是，当时锦标赛采用的是循环制，保加利亚队只有在赢球超过 5 分时才能取胜。要用仅仅 8 秒钟再赢 3 分几乎是不可能的。这时，保加利亚队的教练突然请求暂停。

许多人开始嘲笑教练此举，认为保加利亚队被淘汰已成定局，教练也已无力回天。暂停结束后，比赛继续进行。这时球场上出现了意想不到的状况：保加利亚队控球队员突然运球向自家篮下跑去，并迅速起跳投篮入网。这时，全场观众目瞪口呆，而比赛时间也正好到了。但是，当裁判员宣布双方打成平局，需要进行加时赛，这时大家才恍然大悟。保加利亚的这一出人意料之举，为自己创造了一次起死回生的机会。而加时赛结束时，保加利亚队果然赢了 6 分，如愿以偿地出线了。这种不按常理出牌的思维方式正是打破了常规的逆向思维。

循规蹈矩的思维和按传统方式解决问题虽然简单，但容易使思路僵化、刻板，摆脱不掉习惯的束缚，得到的往往是一些司空见惯的答案。有时遇到非常规性的问题时，常规思维往往会一筹莫展，而如果能够运用逆向思维，反其道而行之，则会豁然开朗，取得柳暗花明又一村的美妙效果。

混合策略启示

> 舍弃阳关道，奔向独木桥，就是因为资源是有限的。事实上，"阳关道"只有一条，而"独木桥"则往往数不胜数。如果所有人争夺的焦点都在有限的几种事物上，那么每个人都将面临十分艰难的处境。在人生的博弈中，另辟蹊径，找到多数人没有注意到的那座"独木桥"，一样可以绝处逢生，甚至比那些走上阳关大道者获得更高的收益。

牺牲局部，保全大局

一个极度干旱的季节，非洲草原上许多动物因为缺少水和食物而死去了。生活在这里的鬣狗和狼也面临同样的问题。狼群外出捕猎统一由狼王指挥，而鬣狗却是一窝蜂地往前冲，鬣狗仗着"狗多势众"，常常从猎豹和狮子的嘴里抢夺食物。而这一次，为了争夺被狮子吃剩的一头野牛的残骸，一群狼和一群鬣狗发生了冲突。尽管鬣狗死伤惨重，但由于数量比狼多得多，很多狼也"壮烈牺牲"了。

战局发展到最后，只剩下一只被咬伤了后腿的狼王与5只鬣狗对峙。本来力量就悬殊，而那条拖拉在地上的后腿又成了狼王无法摆脱的负担。面对步步紧逼的鬣狗，狼王突然回头一口咬断了自己的伤腿，然后向离自己最近的那只鬣狗猛扑过去，以迅雷不及掩耳之势咬断了它的喉咙。另外 4 只鬣狗被狼王的举动吓呆了，都站在原地不敢向前，最后终于拖着疲惫的身体一步一摇地离开了怒目而视的狼王。

当危险来临时，狼王能毅然决然咬断后腿，让自己毫无拖累地应付强敌，的确值得我们学习。在一场博弈中，如果一方有足够的魄力可以牺牲局部的利益来吸取对方的注意力，那么这时候他或许就有机可乘了；而且，为了增加成功的概率，也应该有所牺牲。就像电影《集结号》中，团长下决心牺牲一个连来换取全团的胜利。打阻击战也往往都是这样，总是要以一小部分的牺牲来获取全局的胜利。

再比如另外一种情形，两军对峙时敌优我劣或势均力敌的情况很多。如果指挥者指导正确，就常可变劣势为优势。"田忌赛马"的故事为大家所熟知，孙膑在田忌的马总体上不如对方的情况下，使他仍以二比一获胜。但是运用此法也不可生搬硬套，而应该具体问题具体对待。

在齐魏桂陵之战中，当时魏军左军最强，中军次之，右军最弱。作为齐将的田忌就准备按孙膑赛马之计如法炮制，可是这时孙膑却认为不可。他说，这次作战不是争个二胜一负，而且战场上的一切相互关联，我们的目标只能是尽量争取大量消灭敌人。于是齐军便采用下军对敌人最强的左军，以中军对势均力敌的中军，以力量最强的部队迅速消灭敌人最弱的右军。这样一来，齐军虽有局部失利，但敌方左军、中军已被暂时钳制住，右军又很快败退。田忌迅即指挥己方上军乘胜与中军合力，力克敌方中军，得手后又得以三军合击，一起攻破了敌方最强的左军。如此，齐军在全局上形成了优势，终于取了胜利。

胜者的高明之处，正是会"算账"，能把自己的利害算清。古人云："两利相权从其重，两害相衡趋其轻。"也就是说要以少量的损失换取很大的胜利。

总之，不论是在两军对峙时，还是在政治舞台上、商业竞争中，要想获得全胜往往很难，所以有时就需要付出一定的代价或做出一定的牺牲。尽量牺牲局部以保全大局，牺牲眼前以希图长远，牺牲小的利益以换取更大的利益。

很多事情都是如此，常常就是鱼与熊掌无法兼得。所以当我们前进一步时，就应该懂得自己必将放弃上一步，否则就无法为继续前进做好足够的铺垫，你执着于眼前这一步，也许人生就会被困锁在这一步上，永远无法走得更远。

混合策略启示

舍弃不是一味地放弃，而是为了得到更多的东西。不懂得为保全大局而牺牲局部这个道理的人，只能看到自己走了一段好路，却不知道如何走好更长远的道路。我们面对抉择，必须做出取舍的时候，一定要再三思量、顾全大局，只看重眼前利益就可能会得不偿失了。

某件事情在投入了一定成本、进行到一定程度后发现不宜继续下去，却苦于各种原因而将错就错，欲罢不能，这种状况在博弈论上被称为"协和谬误"。坚持就是胜利吗？"不抛弃，不放弃"永远都正确吗？花很多钱买了一张票去欣赏音乐会，看了一半发现实在是不好看，你是应该继续看下去还是应该放弃？懂得了协和谬误，你对如何解答这些问题将有全新的认识。

第九章

协和谬误
放弃错误的博弈策略

坚持错误的就注定会失败

春秋初期，楚国日益强盛，于是派出其大将子玉蓄谋攻打晋国。当时，楚国还胁迫陈、蔡、郑、许四个小国联合出兵。此时的晋国在晋文公的带领下刚刚攻下了依附楚国的曹国，他已料定晋楚之间的战争不可避免。楚国联军浩浩荡荡向曹国进发，晋文公闻讯，他很清楚楚强晋弱，如果硬拼会对自己不利。于是他就假意让人传话给楚军主帅子玉："当年我被迫逃亡时，楚国先君对我以礼相待。所以我曾与他有过约定，将来如我返回晋国，愿意两国修好；如果迫不得已，两国交兵，我定先退避三舍。现在，子玉伐我，我当兑现诺言，先退三舍（古时一舍为三十里）。"

接着晋军果然撤退了九十里，已到晋国边界城濮，这里背靠太行山又毗邻黄河，足以御敌；而且晋文公已事先派人往秦国和齐国求助。子玉很快就率部追到了城濮，而晋军早已严阵以待。

晋文公探知楚军分左、中、右三军，而以右军最为薄弱。双方交战之后，子玉命令左右军先进，中军继之。楚右军直扑晋军，晋军忽然又撤退，他们以为晋军惧怕，又要逃跑，就一路穷追不舍。这时忽然从晋军中杀出一支军队，驾车的马身上都蒙着老虎皮。而楚军的战马以为是真虎，吓得掉头就跑，结果楚右军大败。而晋文公派人假扮楚军，并报捷说："右师已胜，元帅赶快进兵。"子玉登高一望，见晋军后方烟尘蔽天（其实这是晋军故意扬起的尘土），乃大笑道："晋军果然不堪一击。"于是子玉又命令左军迅速出击，结果楚左军又陷于晋国伏击圈内遭到歼灭。等到子玉所率领的中军赶到时，晋军已经集

中起全部兵力来对付他。楚军伤亡惨重，只有子玉带领少数残兵得以
侥幸突围。

当发现自己已经不能再将一场博弈进行下去的时候，那么就要及
时回头以避免更大的损失，也就是不将错误进行到底。假如晋军一开
始就采取强硬态度，摆出一副与楚军决一死战的架势，那么势必就会
引起楚军的警觉，从而造成不可挽回的损失。

宁肯先让出一步，坚持"打得赢就打，打不赢就走"的游击战，
那么更大的错误就可以避免。因为走，所以保存住了实力，赢得了以
后获得胜利的希望。在现实生活中，也有"人挪活，树挪死"的类似
说法，比如变更单位，从甲地、甲单位转往乙地、乙单位等。

有一位青年学者，他现在的工作单位是一所工科大学，但他的主
要研究方向却是西方哲学，他现在所讲授的也是马克思主义公共课。
因此，该校的西方哲学的相关专业资料严重缺乏，尤其是他所研究的
课题与他所讲授的内容关系不大。而更令他苦恼的是，在一所工科大
学，从教师到学生，由于受专业所限，了解西方哲学的人少之又少，
他难以遇到知音、良师益友，在专业方面很难得到长足的进步和发展。

还有一位名牌大学的本科毕业生，他到新的工作单位不久，就因
小事和领导吵了一架。原因是那领导气量小，有时也是故意找他的茬，
而他也有当众挑领导错误的毛病。他自以为专业知识过硬，单位少了
他不行，纵然我行我素，领导也奈何不了他。就这样，他们互相"顶
牛"了很长一段时间，他和领导的关系越来越僵。最后，谁知胳膊扭
不过大腿，职务晋升、工资提级等"大事"都与他无缘。他的情绪也
越来越差，就这样年复一年地打起了"持久战"。结果他把宝贵的时
间、充沛的精力，都消耗在这种无谓的争吵之中。

很显然，能够审时度势、及时改正错误的人才是强者，只知固守
一城一池、不想改变自己的人，注定一事无成。

协和谬误启示

生活中关于坚持与放弃的选择让人眼花缭乱，其实，并没有哪一个"公式"可以告诉你，什么时候确定无疑该选择坚持或选择放弃。但是在选择的过程中，有意识地考虑一下有关"协和谬误"的知识，肯定会让你的选择多一分理智。

"不抛弃，不放弃"在什么情况下才有意义

看过电视剧《士兵突击》的观众，相信都会记得钢七连的生存逻辑——不抛弃，不放弃。这六个字感动了无数观众，也激励了无数人。但是如果从博弈论的观点来分析，"不抛弃，不放弃"则不见得总是正确的。

我们通常都有等公共汽车的经历——当你等了五分钟的时候，如果公共汽车没来，你可能会想，再等一会儿公共汽车就来了；再等了五分钟如果公共汽车还是没来，这时你可能会有些动摇：该不该打个车呢？还是不打吧，已经等了十分钟了，说不定下一分钟公共汽车就开来了；又等五分钟如果公共汽车还是没来，你可能会开始频频看表，而且多少有些怒气；如果再等五分钟公共汽车还是不来，十有八九你会选择打车或改变乘车路线。

这就是现实生活中关于坚持与放弃选择的难题。有时候，真的不知道自己是该坚持还是该放弃。比如上述等公共汽车的例子，如果你等了五分钟就不再坚持而是改变路线或打车，那么相对于等了半小时后再改变路线或打车而言是明智的，因为你节省了时间；可是如果你没有什么特别要紧的事而选择继续等下去，几分钟后公共汽车来了，

那么相较于你没有坚持到底而改变策略的行为，也是明智的。

之所以会出现以上的悖论，其实是由于"沉没成本"在影响着我们决策。"沉没成本"是指为完成某个计划（活动、项目）已经发生、不可收回的支出，如时间、金钱、精力等。比如我们在选择打车还是继续等下去的时候，把已经过去的时间计算在内了。

从理性的角度讲，"沉没成本"不应该影响我们的决策，然而，我们常常由于想挽回或避免"沉没成本"而做出很多不理性的行为，从而陷入欲罢不能的泥潭，而且越陷越深。比如一个人一旦染上了赌博的恶习就很难自拔，赢了还想赢，输了还想赢回来。赌局中人的期望利用赌博的规则，做出最佳决策，也就是通过规则引导自身所得的增加。但不是每个人都能在赌局中获得令自己满意的收获，输了怎么办？因此赌徒有自己的一套理论，被称为"赌徒谬论"，其特点在于始终相信自己的预期目标会到来，就像在押轮盘赌时，每局出现红或黑的概率都是50%，可是赌徒却认为，假如他押红，黑色若连续出现几次，下回红色出现的概率就会增加，如果这次还不是，那么下次更加肯定，这是典型的不合数理原则，实际上每次的机会永远都是50%。当他的期望没实现，他就会越战越勇，加倍下注，一直增加筹码，希望能一举赎回损失并加倍盈利，结果却往往是在错误的泥淖里陷得更深，直至万劫不复。所以佛家常说"苦海无边，回头是岸"，这里奉劝世人的"回头"，实际上就是让人抛弃已经付出的"沉没成本"，不要将错误坚持到底。

有些事情的选择与坚持，有道德和法律标准可以帮助解决，比如上文中说的赌博，或者为非作歹，终将受到良心的谴责和法律的制裁。而对于有些事情，是坚持还是放弃则没有一定的是非标准可以衡量，比如本文开头时提到的等公共汽车。对于这类"弈局"，我们在做决策时应该如何考虑已经投入的成本呢？

我们通常都是根据投入的程度与成功的希望来进行选择。比如，有一门考试，如果花 30 天复习就能通过，而你已经复习了 29 天，这时如果有朋友邀请你出去玩，那么你可能会想："如果我去玩，就会不通过，可是如果我再复习一天，就会通过，所以我应该继续复习。"

这时你已经花费的 29 天就是"沉没成本"，因为无论你选择去玩还是继续复习，这些时间都已经花费了。可是，这 29 天的存在决定了最后一天的价值，也就是说，如果你完全没有复习，那么你无疑会选择出去与朋友一起玩，因为"无论我这一天是不是复习，我都不会通过"。也就是说，如果你已经投入了过多的成本，而成功的目标已近在咫尺甚至触手可及时，选择坚持无疑是更为明智的。

协和谬误启示

当我们进行了一项不理性的活动后，应该忘记已经发生的行为和已经支付的成本，只要考虑这项活动之后需要耗费的精力和能够带来的好处，再综合评定它能否给自己带来正效用。比如进行投资时，把目光投向远方，审时度势，如果发现这项投资并不能赢利，应该及早停止，不要惋惜已投入的各项成本：精力、时间、金钱……

"跳槽"有风险，跳前需谨慎

公元前 203 年，正值楚汉争夺天下的关键时刻，汉王刘邦一方的大将韩信一举击败了西楚霸王项羽一方的大将龙且，项羽震恐，派说客武涉劝说韩信反叛刘邦。武涉到了韩信军中这样劝诱韩信："当今楚王与汉王争夺天下，举足轻重的就是你。你倒向汉王，汉王就会胜；你倒向项王，项王就会胜。项王今天灭亡，汉王明天就会收拾你。你与项王过去有交情，现在为什么不反叛汉王与楚讲和，三分天下而称王呢？"韩信辞谢道："我过去事奉项王，任官不过是郎中，职位也不过是守卫而已；项王对我言不听计不从，我不得已才投奔汉王。汉王授予我上将军印，给我几万军队，把衣服脱下来给我穿，把好饭让给我吃，对我言听计从，我才能有今天的地位。汉王如此信任我，我就是死也不会背叛汉王，请向项王转达我的歉意。"

我们可以看出，韩信之所以不肯"跳槽"，固然是因为汉王刘邦待他好，但是现在的身份与地位也是不可忽视的因素。也就是说，相比较而言，他更相信帮助刘邦会有利于巩固现在的身份与地位，而帮助项羽，日后的结局很难预测——毕竟他曾背叛过项羽，而且项羽的赏罚不公已是天下皆知。用经济学来分析，在汉王阵营取得的战功、地位以及汉王对他的尊崇程度，是韩信在做决策时不得不考虑的，一旦抛弃了这些，那么以前所取得的一切，都成了没有意义的"沉没成本"，意味着他又将从零开始。

在职场中，每个人都知道"此处不留人，自有留人处"这个道理，跳槽已成为一件很平常的事，但并非在任何时候都是一件益事。当情况于己不利时，跳槽就会变成一种风险。

既然有时跳槽会是一种风险，我们又如何判断它是一种风险呢？我们可以通过运用博弈的原理，判断对自己是否有利。

假设员工 M 在 A 公司从事 K 岗位的工作，人力资源价值是 x 元 / 月，出于种种原因，M 有跳槽的意向。他在人才市场上投递了若干份简历后，B 公司表示愿以 y 元 / 月的薪酬聘任 M 从事与 A 公司 K 岗位类似的工作（y>x）。这时，A 公司面临两种选择：第一，默认 M 的跳槽行为，以 p 元 / 月的薪酬聘任 N 从事 K 岗位的工作（y>p）；第二，拒绝 M 的跳槽行为，将 M 的薪酬提升到 q 元 / 月，当然 q 一定要大于或等于 y 元，M 才不会跳槽。

当 M 有跳槽的想法时，A 公司和 M 之间的信息就不对称了。很明显，M 占有更充分的信息，因为 A 公司不知道 B 愿给 M 支付多少薪酬。当员工 M 提出辞呈时，A 公司会首先考虑到 M 所处岗位的可替代性，如果 M 不具有可替代性，那么 A 公司就会以提高薪酬的方式留住 M，M 与 A 经过讨价还价后，A 公司会将 M 的薪酬提升到大于或等于 y 元 / 月的水平。如果 M 具有可替代性，那么 A 公司就会默认 M 的跳槽行为。

其实，每个单位都会针对员工的跳槽申请做出两种选择：默许或挽留；相对来说，员工也会做出两种选择：跳槽或留任。实际上，在对待跳槽问题上，单位和员工都会基于自身的利益讨价还价，最后做出对自己有利的选择。实质上这一过程是单位和员工的博弈，无论员工最后是否会跳槽都是这一博弈的纳什均衡。

以上只是基于信息经济学角度而进行的理论分析。实际上，当存在招聘成本时，即便员工具有可替代性，单位也会在事前或事后采用非提薪的手段阻止员工跳槽。

另外，对于员工来说，跳槽也存在择业成本和风险。新单位是否有发展前景，到新单位后有没有足够的发展空间，新单位的环境及人际关系如何，等等，员工必须考虑到这些因素。这只是员工一次跳槽的博弈，从一生来看，一个人要换多家单位。将一个员工一生中多次分散的跳槽博弈组合在一起，就构成了多阶段、持续地跳槽博弈。

正所谓行动可以传递信息。实际上，员工每跳一次槽就会给下一个雇主提供了自己正面或负面的信息，比如：跳槽过于频繁的员工会让人觉得不够忠诚；以往职位一路提升的员工会给人有发展潜力的感觉；长期徘徊于小单位的员工会让人觉得缺乏魄力。员工以往跳槽行为给新雇主提供的信息对员工自身的影响，最终将通过单位对其人力资源价值的估算表现出来。但相对于正面信息来说，会让新单位在原基础上给员工支付更高的薪酬。

从短期看，通常员工跳槽都以新单位承认其更高的人力资源价值为理由；从长期看，员工跳槽前的一段时间会影响未来雇主对其人力资源价值的评估。这种影响既可能对员工有利，也有可能对员工不利。换句话说，员工在选择跳槽时，也等于在为自己的短期利益与长期利益做选择。

协和谬误启示

跳槽有风险，只有当跳槽的机会成本大于跳槽的"沉没成本"时，选择跳槽才有意义。如果一个人心已不在就职单位上，那么他或多或少都会在工作中表现出来。但不要总以为自己才是最聪明的，也不要总想着跳槽。需要时刻记住的是：无论如何取舍，不会有人为你的失误买单。

认赔服输也是一种智慧

一位老太太的独生子死了，虽然已埋葬多日，但是她仍然整日以泪洗面，悲伤地哭诉："儿子是我唯一的寄托，唯一的依靠。他离我而去，我再活下去还有什么意思，不如跟他一块儿去吧！"她心里这样想着，连续四五天待在墓地旁，不思饮食。

释尊和尚听说了这件事，带着弟子赶到墓地。老太太看见释尊，忙向前施礼。释尊问道："老人家，你在这里做什么呢？"老太太伤心地说："儿子弃我而去，但是，我对他的爱却愈来愈炽烈，我想跟他一块儿离开人世算了。"

释尊说："宁愿自己死去，也要让儿子活着，你是这样想的吗？"老太太闻言满怀希望地问道："高僧啊，您认为能做得到吗？"释尊静静地回答："你给我拿火来，我就运用法力，让你的儿子复活。不过，这个火必须来自未曾死过人的家庭，否则，我作了法也没有效果。"

老太太赶紧去找火，她站在街头，逢人就问："府上曾经死过人吗？"大家回答她："自古以来，哪有不曾死过人的家庭呢？"老太太需要的火始终没有找到，只好失望地回到释尊的面前说："我出去找火了，就是找不到没有死过人的家庭。"

释尊这才说道："自从开天辟地以来，没有不死的人。死去的人已经死了，可是活着的人仍然要好好地活下去。而你却不想面对这个现实，难道不是执迷不悟吗？"老太太如梦初醒，不再想寻死。

"沉没成本"对决策产生如此重大的影响，以至于很多英明的决策者都无法自拔。很多时候，他们开始做一件事，做到一半的时候发现并不值得，或者会付出比预想的多得多的代价，或者有更好的选择。但此时付出的成本已经很大，思前想后，只能将错就错地做下去。但实际上，有时做下去会带来更大的损失。

在恋爱和婚姻中亦如此，失去一个人的感情，明知一切已无法挽回，却还是那么执着，而且一执着就是好几年，还要死缠烂打。其实这样一点用也没有，且损失更多。

在任何时候，要不要对一项活动继续投入，关键是看它的发展前景和未来的发展。至于过去为它花了多少"沉没成本"，应该尽量排除在当下的考虑范围之外。只有这样，才能尽量抑制和消除"沉没成本"对决策的破坏性影响。

那么，我们怎么才能摆脱"沉没成本"的羁绊呢？一是在进行一项事业之前的决策要慎重，要在掌握了足够信息的情况下，对可能的收益与损失进行全面的评估；二是一旦形成了"沉没成本"，就必须要承认现实，认赔服输，避免造成更大的损失。

在很多情况下，我们就像伊索寓言里的那只狐狸，想尽了办法，费尽了周折，但最终无法吃到那串葡萄。这时，即使坐在葡萄架下哭上一天，暴跳如雷也无济于事，反而不如用一句"这串葡萄一定是酸的，让馋嘴的麻雀去吃吧"来安慰自己，求得心理上的平衡。这种调整期望的落差，转而接受柠檬虽酸却也别有滋味的事实，反而不至于伤害了自尊与自信。

因此可以说，"酸葡萄心理"不失为一种让我们摆脱"沉没成本"的困扰、接受现实的好方法，而且可以消除紧张、生气等负面情绪，减少因产生攻击性冲动和攻击行为而造成更大的损失和浪费。从这个意义上看，它又不失为一种管理人生的方法。

协和谬误启示

对"沉没成本"过于眷恋，就会继续原来的错误，造成更大的亏损。而人生最大的效率其实在于：有勇气来改变可以改变的事情，有度量接受不可改变的事情，有智慧来分辨两者的不同。

与其悔恨，不如悔改

南朝人刘义庆所撰的《世说新语·自新》讲了一个有关改过自新的故事：晋朝人周处年轻时，蛮横强悍，任侠使气，是当地一大祸害。义兴的河中有条蛟龙，山上有只白额虎，一起祸害百姓。义兴的百姓称之为三大祸害，三害当中周处最为厉害。有人劝说周处去杀死猛虎和蛟龙，实际上是希望三个祸害相互拼杀。周处立即杀死了老虎，又下河斩杀蛟龙。蛟龙在水里有时浮起，有时沉没，漂游了几十里远，周处始终同蛟龙搏斗。

经过了三天三夜，当地的百姓们都认为周处已经死了，纷纷表示庆贺。结果周处杀死了蛟龙，从水中出来了。他听说乡里人以为自己已死而对此庆贺的事情，才知道大家实际上也把自己当作一大祸害，因此，对自己过去的行为十分悔恨。于是周处便到吴郡找陆机和陆云两位有修养的名人。当时陆机不在，只见到了陆云，他就把全部情况告诉了陆云，并说："我想要改正错误，可是岁月已经荒废了，怕最终没有什么成就。"陆云说："古人珍视道义，认为'哪怕是早晨明白了道理，晚上就死去也甘心'（朝闻道，夕死可矣），况且你还是有希望的。再说人就怕立不下志向，只要能立志，又何必担忧好名声不能传扬呢？"周处听后从此改过自新，终于成为一名忠臣。

周处一开始悔恨自己以往的行为，后来经陆云点拨，勇敢地拿出行动悔改，最终成为一位令人敬仰的人。可见，悔改要比悔恨强得多。

某商学院为了培养出顶尖的商界精英，老师会尽量对学生们的决策能力进行训练，让他们在多项选择中做出最明智的决策。但是，当学生做出了错误的选择时，老师并不会让他们过多地去计算决策所造成的损失，而是在总结教训后，及时引导他们走出失败，再次参与决策过程。而老师这样做的原因很简单：与其后悔，不如着手弥补。

当你因为一些错误的抉择而陷入后悔中时，你最应该避免的是那种"如果不做就好了"的想法。要知道，没有做往往会比做了但错了更令人后悔。你应该明白的是，在一段时间内，这种后悔所带来的痛苦将会持续困扰你，同时，你也应意识到，如何挽救错误、避免类似错误，是你日后减少此类后悔情绪的关键。

有个女孩喜欢一件衣服，便缠着母亲为自己买。起初母亲不肯，但她执意要，且哭闹不止。母亲无奈，拉着女孩上了街。当穿着新衣服的女孩高高兴兴地跟在母亲身后往回走时，突然感到母亲推了她一把，然后就失去了知觉。醒来后才知道，母亲为了救她而丧生在车轮下。从此，女孩开始了悔恨的日子：如果那天不是自己缠着母亲去买衣服，结局肯定是另一种。是自己害了妈妈，同时也害了爸爸，把本来美满幸福的家庭破坏了。就这样，女孩在悔恨中失去了很多东西：求学的机会、与同学的交往、与家人轻松愉悦的沟通，甚至还有对生命的感悟……

母亲的去世已是无法改变的事实，也是我们前面介绍过的"沉没成本"。女孩的自责非但不会减轻父亲的伤痛，反而还会使他更加郁郁寡欢。正如杜甫在诗中所说"存者且偷生，死者长已矣"，我们现在人说"不能让活着的人总是为死去了的人伤痛"，其实都是劝人放弃沉没成本。

悔恨本身带来的痛苦远比错误事件引发的损失更为严重。悔恨往往发生于做错事情以后，由于无法放下过往的错误，人们会产生过度的自责、不安，并会让自己陷入痛苦之中。若无法及时从后悔事件中走出来，便会在痛苦中陷入恶性的情绪循环。所以，一旦做了错事，不要把时间浪费在悔恨上，赶快着手悔改吧！

协和谬误启示

很多时候，事过之后，人们回想起前因后果，并将主要原因归咎于己时，自责及由此引发的内疚感和负罪感的出现都是自然的。但如果超出了反省的限度，躲在悔恨中不努力做事，不积极生活，这种做法如果以沉没成本的理论来分析，则是无比愚蠢的。当一个人遭遇了上述情形，最理智的做法应该是放下以往的包袱，吸取以往的教训，以积极的心态乐观地去生活。

蜈蚣博弈是以最终给定的结果向前推理，一直推到目前所能采取的最优策略。但它有一个个人利益和集体利益相冲突的致命悖论——最后一次的背叛收益始终优于合作，以此向前推理会得出结论，人们将从一开始就拒绝合作。因此，蜈蚣博弈被认为是揭示纳什均衡分析的某些深刻的内在矛盾和弱点的最好范例。

第十章

蜈蚣博弈
预知结果反向推理的博弈策略

倒推法的逻辑悖论

一个人打算向邻居借斧子，但又担心邻居不肯借给他，于是他在前往邻居家的路上不断胡思乱想："如果他说自己正在用怎么办？""要是他说找不到怎么办？"想到这些，这个人自然对邻居产生了不满："邻里之间应该和睦相处，他为什么不肯借给我？""假如他向我借东西，我一定会很高兴地借给他。""可是他不肯借斧头给我，我对他也不应该太客气。"……

这个人一路上越想越生气，于是等到敲开邻居的门后，他没有说"请把你的斧子借给我用一下吧"，却张嘴说道："留着你的破斧子吧，我才不稀罕你的东西！"

从上面这个笑话中，可以想象一些喜欢以己度人者在生活中遇到的尴尬。但是笑过之后，我们却发现，这个借斧头的人所运用的思维方法，居然有着倒推法的影子。难道倒推法真有什么问题吗？答案是肯定的，这种悖论在博弈论中被称为"蜈蚣博弈悖论"。很多学者已经用科学的方法推导出：倒推法是分析完全且完美信息下的动态博弈的有用工具，也符合人们的直觉，但是在某种情况下却存在无法解释的缺陷。

如下面这场博弈。两个博弈方 A、B 轮流进行策略选择，可供选择的策略有"合作"和"不合作"两种。规则是：A、B 两次决策为一组，第一次若 A 决策结束，A、B 都得 n，第二次若 B 决策结束，A 得 n-1 而 B 得 n+2；下一轮则从 A、B 都得 n+1 开始。假定 A 先选，然后是 B，接着是 A，如此交替进行。A、B 之间的博弈次数为一有限次，比如 198 次。

由于这个博弈的扩展形很像一条蜈蚣，因此被称为"蜈蚣博弈"。现在的问题是：A、B 是如何进行策略选择的？我们用一对情侣之间的爱情博弈来说明。

爱情就其本质来说是一种交往，人交往的目的在于个人效用最大化，不管这个效用是金钱，还是愉快、幸福的感觉，只要追求个人效用，就必定存在利益博弈。因而，爱情交往是一个典型的双人动态博弈过程，不过爱情的效用随着交往程度的加深和时间的推移有上升趋势。

假定小丽（女）和小冬（男）是这场蜈蚣博弈的主角，这场博弈中他们每人都有两个战略选择，一是继续，二是分手。假设爱情每继续一次，总效用增加 1，由于男女生理结构和现实因素不同，小丽的分手战略只能使效用在二人之间平分，即两败俱伤；小冬选择分手战略则能占到 3 个便宜。显然，分手对于被甩的一方来说是一种欺骗行为。

首先，交往初期小丽如果甩了小冬，则两人各得 1 的收益，小丽如果选择继续，则轮到小冬选择。小冬如果选择分手，则小丽属受骗，收益为 0，小冬占了便宜，收益为 3，这样完成一个阶段的博弈。可以看到，每一轮交往之后，双方了解程度加深，两人的爱情总效用在不断增长。这样一直博弈下去，直到最后两人都得到 10 的圆满收益，为大团圆的结局，即总体效益最大。

遗憾的是，这个圆满结局很难达到。因为蜈蚣博弈的特别之处是：当 A 决策时，他考虑博弈的最后一步即第 100 步；B 在"合作"和"背叛"之间做出选择时，因"合作"给 B 带来 100 的收益，而"不合作"带来 101 的收益，根据理性人的假定，B 会选择"背叛"。但是，要经过第 99 步才能到第 100 步，在第 99 步，A 的收益是 98，A 考虑到 B 在第 100 步时会选择"背叛"，那么在第 99 步时，A 的最优策略是

"背叛"——因为"背叛"的收益99大于"合作"的收益98……按这样的逻辑推论下去，结论是令人悲伤的：在第1步，A将选择"不合作"，此时各自的收益为1。

把这种分析代入上面的爱情博弈当中，我们可以发现，当双方博弈达到如果小丽分手可得收益为10的阶段，小冬是很难有动力继续交往下去的，继续下去不但收益不会增长，而且有被小丽甩掉反而减少收益的风险。小丽则更不利，因为她从来就没有占先的机会，她无论哪次选择分手策略，都是两败俱伤，而且还有可能被小冬欺骗而减少收益。

在爱情中，女人总体来讲处于不利地位。因此，每一次交往，无论小冬还是小丽都有选择分手来终止爱情的动机，爱情圆满的结局不可能达到。当然，我们在生活中会发现，踏入婚姻殿堂的情侣数量，并不像上面的推论得出的那样令人绝望。这是怎么回事呢？

从逻辑推理来看，倒推法是严密的，但结论是违反直觉的。直觉告诉我们，一开始就采取不合作的策略获取的收益只能为1，而采取合作性策略有可能获取的收益为100。当然，A一开始采取合作性策略的收益有可能为0，但1或0与100相比实在是太小了。直觉告诉我们，采取合作策略是好的。而从逻辑的角度看，一开始A应采取不合作的策略。我们不禁要问：是倒推法错了，还是直觉错了？这就是蜈蚣博弈的悖论。

对于蜈蚣悖论，许多博弈专家都在寻求它的答案。西方博弈论专家通过实验发现，不会出现一开始选择"不合作"策略而双方获得收益为1的情况。双方会自动选择合作性策略。这种做法违反倒推法，但实际上双方这样做，要优于一开始就采取不合作的策略。

倒推法似乎是不正确的。然而我们会发现，即使双方从一开始就合作，即双方均采取合作策略，这种合作也不会坚持到最后一步。理性的人出于自身利益的考虑，肯定会在某一步采取不合作策略。倒推法肯定在某一步要起作用。只要倒推法在起作用，合作便不能进行下去。

也许下面这个观点显得更为公允：倒推法悖论其实是源于其适用范围的问题，即倒推法只是在一定的条件下和一定的范围内有效。忽略了这一点，笼统地谈论倒推法的有效性是不科学的。

倒推法的成立是有条件的，在一定的条件下它成立的概率比较高。由于倒推法在逻辑上和现实性方面都是有条件成立的，因此它的分析预测能力有局限性，它不可能适用于分析所有动态博弈。

蜈蚣博弈启示

如果不恰当地运用了倒推法，就会造成矛盾和悖论。同时，我们也不能因为倒推法的预测与实际有一些不符，就否定它在分析和预测行为中的可靠性。只要分析的问题符合它能够成立的条件和要求，倒推法仍然是一种分析动态博弈的有效方法。

巧妙地"纵"，才能牢固地"擒"

在蜈蚣博弈中，获胜的一方必然是最先背叛的那一方，但是如果一开始便选择了背叛，那么即便获胜，收益也很不理想。因此，双方都会表面上选择合作，暗自等待着背叛的时机。这种博弈心理经常被应用于兵家权谋之中。

战争的目的就是消灭敌人和夺取地盘，可如果逼得"穷寇"狗急跳墙，直至垂死挣扎，己方损兵失地，那就不可取了。所以不如先行有意识地放对方一马，这并不等于放虎归山，而目的在于让敌人斗志逐渐懈怠，体力、物力逐渐消耗，最后己方寻找机会，全歼敌军，消灭敌人。这也就是"欲擒故纵"的谋略，这里的"纵"是为了更好地"擒"，也只有巧妙地"纵"，才能牢固地"擒"。

《三国演义》中诸葛亮"七擒孟获"的故事，就是军事史上一个"欲擒故纵"的绝妙战例。当时蜀汉刚建立不久，诸葛亮新定下了北伐大计。可是不承想后院起火，南中地区首领孟获突然率领十万大军起兵谋反。诸葛亮为了解除北伐的后顾之忧，遂决定亲自率兵先平孟获。蜀军主力很快就到达了泸水（今金沙江）附近，诱敌出战，事先在山谷中埋下伏兵，孟获被诱入伏击圈内，一战就兵败被擒。

按说，擒拿敌军主帅的目的已经达到，敌军一时也不会有很强的战斗力了，乘胜追击自可大破敌军。但是，诸葛亮考虑到孟获在南中地区威望很高、影响很大，如果让他心悦诚服、主动请降，才能使南方真正稳定；不然的话，南中地区各个部落仍不会停止侵扰，后方也就难以安定。于是，诸葛亮决定对孟获采取"攻心"战，断然释放了孟获。孟获表示下次定能击败诸葛亮，而诸葛亮则笑而不答。

孟获回营之后，拖走了所有船只，据守在泸水南岸，企图阻止蜀军渡河。诸葛亮则乘敌不备，从敌人不设防的下流偷渡过河，并袭击了孟获的粮仓。孟获暴怒，要严惩将士，遂激起了将士的反抗，于是他们与蜀军相约投降，趁孟获不备，便将孟获绑赴蜀营。诸葛亮见孟获仍不服，再次释放。

以后，孟获又施了许多计策，都被诸葛亮识破，四次被擒，又四次被释放。最后一次，诸葛亮火烧孟获的藤甲兵，第七次生擒孟获，终于彻底感动了孟获，他真诚地感谢诸葛亮七次不杀之恩，誓不再反。从此，蜀国西南安定，诸葛亮才得以放心举兵北伐。

从这里我们也可以看出，有时候只一味地"擒"未必能达到目的。

凡事都有相反相成、矛盾统一的一面，柔能克刚，弱能胜强，事物发展到一定程度有可能朝其相反的方向转变，所以巧妙地"纵"有时可以转变为牢固地"擒"。

在商战中，"欲擒故纵"也体现出了妥协的思想，但是这个妥协不是屈服于对手，而是为了更好地获益。

19世纪60年代，美国议会通过了建设横贯美国东西的大陆铁路议案，安德鲁·卡内基闻风之后，立刻到处奔走，希望获得铁路卧车的承建权。就在奔走活动中他发现，与他竞争的对手中最强的是布鲁曼公司。这是一家历史悠久、规模很大的企业，当时它的销售网已经遍布全美国。卡内基相信自己倾尽全力能够获得铁路卧车的承建权，但是，如果和布鲁曼公司竞争，获得的利润就会大大减少。所以，为了更好地获益，他就必须想出路。

这时候他想起了自己童年时代的一件往事：从前的卡内基一家贫困潦倒，小卡内基只好到纺织厂当童工，后来他又加入电报局的送电报小邮差的队伍。小邮差们特别喜欢送越区电报，因为每送一份可以多得10美分，这种电报就成了小邮差们的竞争对象，他们也为此经常发生争吵，甚至不惜拳脚相向。当新来的小卡内基熟悉这个内幕后，为了从中分得一杯羹喝，他于是就在早晨小邮差们聚集时提出了一个巧妙的办法，他建议把这份额外收入先统一存下来，到周末再平均分配。因为先前每一个小邮差都为此曾被撕破衣服或挨揍，并被电报局警告过，不得打架，否则一律开除。所以，这个提议大家都乐于接受。结果新来的小卡内基不仅衣服没破，也没挨拳头和训斥，就得到了他的那一份。

现在，历史在更高层次上重现了。经过仔细盘算，卡内基认为还是与布鲁曼合作更为有利，这也就是"纵"；而在合作以后，由于自身的实力要大于布鲁曼，所以利润的大头不仅可以由自己拿，甚至还可以把布鲁曼同化，这也就是"擒"。因此，卡内基最终巧妙地说服了布鲁曼，使竞争对手放松了戒备，从而"擒"得了部分承建权，更重要的是"擒"得了大量的利润。

蜈蚣博弈启示

在博弈当中，如果一味地逼迫对方就范，可能就会令对手背水一战；相反，如果先"纵"，让对手看到逃生的希望，那么他也许就会因此而懈怠。这种结果，只要认真推敲一下就能知道，也就是运用倒推的方法。

巧用"连环计"

在《三国演义》中，周瑜想要用"火攻"大破曹操，他就必须找到一个合适的纵火人。这个纵火人事先必须取得曹操的信任，否则他就无法接近曹军放火。但是，即使放了火，如果曹军能够及时有效地避开，那么"火攻"还是无效，这样就又必须另想法子让曹军的船只死等着被烧，这时最好采用"连环计"。"连环计"一环紧扣一环，不能出现一点差错，这就要借助精密的倒推法才可能达到预期效果。

一般而言，"连环计"就是运用计谋，使敌人相互牵制，以削弱其军力，再予以攻击的策略。也就是先以计谋故布疑阵，混淆敌人的判断力，再以另一个计略予以攻击。如此计中生计，连续运用，以达到击灭敌人的目的。而"连环计"不管是两计相扣也好，还是多个计谋相配合，其功能有两个：一是让敌人互相钳制；二是更有效、迅猛地攻击敌人。二者相辅相成，用兵就如得天神相助一样。显然，"连环计"也就是一步一步地降服对手的策略，没有一步一步的铺垫，也就难取得最后的胜利。

"连环计"也可以收到一石多鸟的奇效，因为它可以让多个敌人互相牵制、互相消耗，这样就产生了一系列有利于己方的连锁反应。从下面唐太宗巧选女婿的故事中就可以看出这一点。

唐太宗李世民在巩固了自己的帝位之后，对周边各民族并没有采取征伐措施，而是采取了"怀柔外交"，其中主要以"公主和亲"为主。"和亲政策"实施之后，唐太宗便将宫中漂亮的宫女认作自己的女儿，先后嫁给西北方的吐谷浑、突厥等国王，这样一来就把往日经常侵犯边疆的敌人，都变成了女婿，从此化敌为"亲"。当时，还尚有吐蕃王没有着落。吐蕃即现在的青海、四川、西藏等地，其地方大、民性悍，又加上地理位置特殊，是个很难征服的国家。而吐蕃王见别的国王都已娶唐朝的公主为妻，既羡且妒，便也派了一个特使到唐朝来，希望能讨个公主回去。但是，唐太宗这时的真假公主只剩一个文成公主了，他对讨亲一事感到十分头痛，心里也不很愿意把最疼爱的亲生女从礼仪之邦送到远方去。但唐太宗冷静一想，觉得不应允的话，很可能惹出麻烦，但又不能白给，于是眉头一皱，计上心来，想出一个"连环计"，以"激将法"激吐蕃王执行自己的外交政策。

他在接见吐蕃特使的时候，先是一口拒绝，这确实在特使的意料之外。后来特使又听到一点风声说，唐太宗本来已经答应把公主嫁给吐蕃王，但因吐谷浑国王从中作梗才告的吹。这点"风声"，不用说就是唐太宗让人放出来的。这样，特使回到吐蕃之后，便索性一不做、二不休，加油添醋地回报吐蕃王说："本来唐太宗已答应了，且非常喜欢和我国结亲，却碰上了那个吐谷浑国王，都是他挑拨离间……原来他娶的不是唐太宗的亲生女，而妒忌主上娶个真公主……"

吐蕃王不听犹可，听后顿时大怒道："可杀也，他居然敢破坏我的亲事！"于是立即大起兵马，向吐谷浑进攻，一番闪电扫荡战，就把吐谷浑国王赶到了边境的荒山躲起来。吐蕃王一时杀得性起，又乘战胜余威，像风卷残云一样，再西破白兰羌，东破党项国，南征北讨，竟一口气消灭了很多部落，势力范围直逼中原边界。

有了这种声威后，吐蕃王于是再派特使到中原来，向唐太宗再提联姻之事。眼见吐蕃既已削平其他小国，再联了姻，就是自己人，可以减少外交负担和边境危害，因此唐太宗一口便答应了把文成公主嫁给吐蕃王。

在现实生活中，"连环计"也有不俗的表现，只要巧于运用，便可收到奇效。

某钟表眼镜批零商店曾是全国八大眼镜专业店之一，过去它一直垄断着它所在的城市及周边地区的眼镜销售市场。可是当这家批零商店还在自得其乐地吃老本的时候，它的周围却先后冒出了十几家个体眼镜店铺和不少地摊，有的干脆就堵在了批零店的门口。这些小老板有时候进店转一圈，出门就把自己摊上同样的眼镜降低了标价；而他们打出的"配镜迅速、立等可取"的口号也很奏效。就这样，个体经营者凭着其小巧灵活、嘴甜货廉的优势，很快便堵住了该钟表眼镜批零店的财路。

该钟表眼镜批零店面对"围攻"，先是冷静地分析了市场形势，然后发现：个体户的优势是进退自如、作价灵活，但一般缺乏过硬的技术，且配镜质量无保证，也无力造就经营上的声势。因此，批零店根据自己的优势，制定出了一套"扬长避短、优化服务"的战略。

他们先是缩减了低档眼镜的销售量，以避开个体户定价灵活的优势，之后又增加了中、高档眼镜的花色、品种。由于一般顾客都不大懂配镜的技术，他们便又在报纸、电视上展开了宣传攻势：一是宣传配镜的基本知识，使顾客了解到配镜不适将给眼睛造成损害；二是宣传本店的信誉及提供的优质服务。他们还在宣传的基础上，开展了"儿童眼镜百日服务"的活动，即儿童配镜减价一半，还提供免费验光，并聘请了三位眼科专家全天候诊，为儿童提供免费配镜咨询，以保证儿童配上合适的眼镜。此外，他们还专门购置了车辆，以方便把配好眼镜的儿童送回家或学校。

这一系列措施，安排得如此细致、周密，一环紧扣一环，让顾客不知不觉地就中了"连环计"。他们还培养了一批未来的顾客——儿童。最终，伴随着知名度扩大、销售量提高，该钟表眼镜批零商店的复苏就可想而知的了。

蜈蚣博弈启示

在博弈中，为了克敌制胜，有时候一招往往很难迫使对方就范，所以就需要多施几计将对方一步步地降服，这样也就方便取胜了。在谋划计策时，不妨从预期结果向前推导，使每个计策既行之有效，又衔接紧密。

从人生的终点反向规划

有三个人要被关进监狱三年，监狱长同意满足他们每人一个要求。

美国人爱抽雪茄，要了三箱雪茄；法国人最浪漫，要一个美丽的女子相伴；而犹太人说，他要一部与外界沟通的电话。

三年过后，第一个冲出来的是美国人，嘴里塞满了雪茄，大喊道："给我火，给我火！"原来他忘了要打火机；接着出来的是法国人，只见他手里抱着一个孩子，美丽女子手里牵着一个孩子，肚子里还怀着第三个；最后出来的是犹太人，他紧紧握住监狱长的手说："这三年来我每天与外界联系，我的生意不但没有停顿，反而增长了 200%。为了表示感谢，我送你一辆劳施莱斯！"

这个故事告诉我们，决定命运的是选择，而非机会。

如果只能活六个月，你会做哪些事情呢？会更多地做哪些事情呢？会和谁共同度过这六个月呢？这些问题的答案将会告诉你真正珍惜的东西，以及自己认为真正重要的东西。什么样的选择决定什么样的生活，你今天的生活是由三年前所做出的选择决定的；而今天的选择，不仅决定你三年后的生活，更会影响你最终离开人世时的样子。这就是决定人生的"蜈蚣博弈法则"。

你每个星期有 168 个小时，其中 56 个小时在睡眠中度过，21 个小时在吃饭和休息中度过，剩下的实际上只有 91 个小时——每天 13 个小时，由你来决定做什么。每天在这 13 个小时里做什么，决定了你成为什么样的人。从更宏观的角度来看，我们的整个人生不过是从上苍手中借的一段岁月而已，大一岁就归还一年，一直到生命终止。

那么对这段"借来"的时光，你准备怎样应用呢？对于这个问题，多数人是无法回答的，因为在没到准备离开这个世界的时候，没有人认真思考这个问题。为了帮助有探索意识的朋友了解这个问题，可以借助于一种假设的场景。

假设你正在前往墓地的路上，去向一位你最亲近的人做最后的告别。到了之后，你却发现亲朋好友齐集一堂，却是为了来向你告别。这个场景也许会在 50 年以后，也许会在 10 年以后，但无论如何，每个人都将面对这一幕：亲人、朋友、同事来到墓地，并且默默追思你的生平事迹。

这时，你最希望他们对你做出什么样的评价呢？你最希望人们记住你这一生的什么成就和事迹呢？你最希望他们用什么样的目光来送别呢？这几个问题归结为一个最简单的问题，那就是：你希望人们在你的墓志铭上写上怎样的文字？

18世纪的法国启蒙运动思想家孟德斯鸠的《波斯人信札》中，有一篇十分有趣的文章，标题是《一个法国人的墓志铭》，全文是这样的："此地安息着一个生前从不曾得到安息的人。他曾经追随过530队送葬行列。他曾经庆贺过3680名婴儿的诞生。他用永远不同的词句，祝贺友人们所得到的年俸，总数达到260万镑。他在城市所走的道路，总长9600斯大特（古希腊色路的长度）。他在乡村间走过的路，总长36斯大特。他言谈多逸趣，平时准备好365篇现成的故事。此外，从年轻时候起，他从古书中摘录箴言警句180条，生平逢机会，即以显耀。他终于弃世长逝，享年60岁。"

这个法国人的一生，是很多人一生的基本写照。其中或许有这样那样的差别，但都像墓志铭中的法国人一样整天沉醉于各种无聊的事情之中，最后却一事无成。一个不能用博弈思维管理人生的人，整天忙碌却无法取得成就的状态是大同小异的。你希望你的墓志铭和他一样吗？

伍迪·艾伦曾经说过，生活中90%的时间只是在混日子。大多数人的生活层次只停留在为吃饭而吃饭、为工作而工作、为回家而回家。他们从一个地方逛到另一个地方，事情做完一件又一件，好像做了很多事，但却很少有时间奔向自己真正想达到的目标，就这样一直到老死。很多人临到垂垂老去的时候，才发现虚度了大半生，剩余的日子又在病痛中一点一点地流逝。

那么，要怎样度过一生，才算不虚度呢？回答这个问题，可以帮助你把所有生活层面的东西过滤，提炼出最根本的人生目标，发掘心底最根深蒂固的价值观，决定人生目标的最核心部分。

在非洲有这样一个民族，他们计算年龄的方法可以说是世界上独一无二的。在这个民族中，婴儿一生下来，马上就得到 60 岁的寿命，以后逐年递减，直到零岁。这种倒计时的方法，就好比以前人们用电话磁卡打电话，将磁卡插入话机时，显示器立刻显示出卡中的数值，随着通话时间的延长，卡中的数值不断减少。人生其实就如同一张小小的磁卡，不过因为数值跨度较长，我们经常会忘了不断减少的读数。

蜈蚣博弈启示

如果把人生看作你与时间进行的一场博弈的话，那么倒计时的方法，可以让你学会从终点出发来行动的策略思维，通过对整体人生的全盘构想和倒后推理，来进行每天的自我管理，知道每一天有哪些事情是应该做的，哪些行动是正确的。

枪手博弈是研究多人对局、实力递减情况下各自策略的博弈。其模型及可能出现的结果为：三个枪手对决，甲、乙、丙枪法优劣递减；最后的结局，将不取决于同时开枪还是先后开枪，最优秀的枪手，最先倒下的概率将最高；而最差的枪手，存活的希望却最大。此博弈可以用来探讨竞争强者与弱者的各自的生存之道，其中包括韬光养晦、联弱抗强、坐山观虎斗、远离是非等博弈智慧。

第十一章

枪手博弈
后发制人的博弈策略

木秀于林，风必摧之

在博弈论中，有专门的一个模型是论述这个策略的，那就是枪手博弈模型。枪手对决，胜者为王，也许只有枪手们自己知道，在多方对战的时候，最关键的并不在于先击倒哪个对手，而是要先保全自己。

在美国一个西部小镇上，有三个快枪手相互之间的仇恨到了不可调和的地步。这一天，他们三个人在街上不期而遇，每个人都握住了枪把，气氛紧张到了极点。因为每个人都知道，一场生死决斗马上就要发生。

三个枪手对彼此的实力了如指掌：枪手甲枪法精准，十发八中；枪手乙枪法不错，十发六中；枪手丙枪法拙劣，十发四中。那么我们来推断一下，假如三人同时开枪，谁活下来的概率大一些？

假如你认为是枪手甲，结果可能会让你大吃一惊：最可能活下来的是丙——枪法最差的那个家伙。假如这三个人彼此痛恨，都不可能达成协议，那么枪手甲一定会对枪手乙开枪。这是他的最佳策略，因为此人威胁最大。这样他的第一枪不可能瞄准丙。同样，枪手乙也会把甲作为第一目标，很显然，一旦把甲干掉，下一轮（如果还有下一轮的话）和丙对决，他的胜算较大。相反，如果他先瞄准丙，即使活到了下一轮，与甲对决也是凶多吉少。丙呢？自然也要对甲开枪，因为不管怎么说，枪手乙到底比甲差一些（尽管还是比自己强），如果一定要和某个人对决下一场的话，选择枪手乙，自己获胜的机会要比与甲对决大一点。于是一阵乱枪过后，甲还能活下来的概率小得可怜，只有将近一成，乙是两成，而丙则有十成把握活下来。也就是说，丙很可能是这场混战的胜利者。

现在换一种规则（在很多情况下，规则决定结果）：三个人轮流开枪，谁的机会更大？这里我们又要遇到琐碎的排序问题，但不管怎么排，丙的运气都好于他的实力。至少，他不会被第一枪打死。而且，他很可能获得在第二轮首先开枪的机会。

例如，顺序是甲、乙、丙，甲一枪干掉了乙，现在，就轮到丙开枪了——尽管枪法不怎么样，但机会还是很大的：那意味着他有将近一半的机会赢得这次决斗（毕竟甲也不是百发百中）。如果乙幸运地躲过了甲的攻击呢？他一定会回击甲，这样即使他成功，下一轮还是轮到丙开枪，自然，他的成功概率就更大了。

问题来了：如果三人中首先开枪的是丙，他该怎么办？他可以朝甲开枪，即使打不中，甲也不太可能回击，毕竟这家伙不是主要威胁，可是万一他打中了呢？下一轮可就是乙开枪了……可能你会感到有点奇怪：丙的最佳策略是朝天开一枪！只要他不打中任何人，不破坏这个局面，他就总是有利可图的。

这个故事告诉我们：在多人博弈中常常由于复杂关系的存在，而导致出人意料的结局。一位参与者最后能否胜出，不仅仅取决于自己的实力，还取决于实力对比关系以及各方的策略。一个弱者也可以通过选择"退一步"而获得更大的生存空间。这样的例子在现实生活中比比皆是，尤其是在涉及参与博弈的个体有强有弱的时候。比如总统竞选，实力最弱的竞选者总是在开始时表现得很低调，而实力强劲的竞选者和实力中等者之间反而互相攻击，搞得狼狈不堪，这个时候最弱的竞选者才粉墨登场，获得一个有利的形势。

一个人在社会上的生存不仅取决其能力的大小，还要看其威胁到的人。一个人能力可能很强，成就可能非常辉煌，但是这恰恰可能也是这个人走向悲剧的原因，因为这种高能力和高成就威胁到了其他人的地位和安全，他人必欲除之而后快。大到历史上普遍存在的"皇帝杀功臣"，小到一个组织里面的互相倾轧，都是因为一个人的能力威胁到了另一个人的利益。一个对他人利益从不构成威胁的人，自然不会是他人意欲除掉的对象，反而能够在各种政治风云中幸存下来。而能力最强、本事最大的人，反而是最有可能走向悲剧结果的人。

枪手博弈启示

枪法最好的，却可能是最先丧命的；枪法第二好的，是最可能存活的；枪法最差的，由于对他人威胁很小，也可以比最强的人得到更大的生存机会。"木秀于林，风必摧之"，这正是强者的悲哀。

《三国演义》中的枪手博弈

在枪手博弈的第一轮射击中，乙和丙实际上是一种联盟关系，因为先把甲干掉，他们的生存概率都上升了。我们现在来判断一下，乙和丙之中，谁更有可能背叛，谁更有可能忠诚？

任何一个联盟的成员都会时刻权衡利弊，一旦背叛的好处大于忠诚的好处，联盟就会破裂。在乙和丙的联盟中，乙是最忠诚的，这不是因为乙本身具有更加忠诚的品质，而是利益关系使然。只要甲不死，乙的枪口就一定会瞄准甲。但丙就不是这样了，丙不瞄准甲而胡乱开一枪显然违背了联盟关系，丙这样做的结果，将使乙处于更危险的境地。合作才能对抗强敌。只有乙、丙合作，才能把甲先干掉。如果乙、丙不和，乙或丙单独对甲都不占优，必然被甲先后除掉。

魏、蜀、吴三国的故事，恰好验证了上述这一结论。我们知道，在《三国演义》中，有关荆州的故事几乎占了全书的一半。各路英雄角逐荆州，笑傲疆场。刘表、曹操、刘备、孙权等人都曾据守，可见其战略位置的重要性。而赤壁之战后刘备集团实际占得荆州，孙权心有不甘，趁关羽北伐之机违背盟约袭取荆州。后人在这件事上都给予了他很高的评价，然而今天从新的角度反思这段历史，其实这正是吴、蜀两国走向衰落的开始。也就是说，因为孙权向刘备错误地"开了一枪"，从而导致了吴、蜀两败俱伤，奠定了三国中魏国独大的局面。

为什么这样说呢？让我们来看一下赤壁之战后三国的形势：如果把三国分别比作上文中参与决战的三个枪手，那么赤壁之战前，曹操好比是枪手甲，孙权是枪手乙，刘备是枪手丙。在孙刘联盟中孙权是抗击曹操的主要力量，并在赤壁之战击败了曹操，此时刘备的最佳策略是杀掉曹操吗？恐怕不是。可以想象，如果当时关羽在华容道上没有放走曹操，那么接下来的历史很可能就是孙权灭掉刘备。所以，弱者总是有动力去维持一个稳定的三角形结构：与次强者联盟，但是却并不愿意彻底消灭强者。

等到刘备占据两川之地，进而攻占汉中的时候，实质上刘备已经由枪手丙变成了枪手乙。此时孙权最主要的敌人应该是谁呢？不是处于枪手乙位置上的刘备，而是处于枪手甲位置上的曹操。也就是说，如果套用枪手博弈中的策略选择，魏、蜀、吴三国的最优策略应该都是首先攻击最强的对手。而对于吴和蜀来说，他们的最强对手都是魏，所以都应该将魏作为首要攻击对象，如此他们形成的联盟才是最佳策略。而且曹操在消灭张鲁后，并没有进一步攻打刘备，主要也是因为害怕孙权在背后给他一枪，从中足可见曹操对孙刘联盟的忌惮。

可惜，吴、蜀两国都没能"将联盟进行到底"。首先，刘备集团的二号人物关羽背弃了诸葛亮提出的"东联孙吴、北抗曹魏"战略，以致败走麦城为东吴所杀。刘备怨恨在心，调兵遣将要为关羽报仇，其间张飞也被部属刺杀并把首级献给孙权，这更令刘备誓与东吴不共戴天。虽然诸葛亮再三劝阻，但刘备还是铁了心出兵讨伐东吴。从此，"东联孙吴"的战略被彻底破坏了。

反观孙权，破坏孙刘联盟为夺取荆州也不是最优策略。这种策略首先导致了与刘备的矛盾激化。孙权让吕蒙夺南郡，杀关羽而并荆州，终致夷陵之战爆发，结果刘备军队溃败，虽然蜀国的精锐部队在这里遭到瓦解，但吴国实力也受损非轻，重要的是，它直接使得吴、蜀两国整体实力大减。

从另一个角度来看，孙权为了荆州而与刘备闹翻也是得不偿失的。在曹魏与吴蜀两国的交战中，有四个军事碰撞的地区，分别是：汉中地区、襄阳地区、武昌地区、江淮地区。基本上整个三国的战争史中，南北势力间绝大部分的军事冲突都是发生在这四个地区。原本蜀国管辖汉中地区和襄阳地区，吴国管辖武昌地区和江淮地区，如果只考虑安排在边境上的兵力，魏国为了其边境安全，应该在这四个地方屯集相当的兵力，至少也要在有事的时候能够很快地将部队开进这一区域，对于吴、蜀两国也是如此，那么，应该说此时吴、蜀两国在边境上承受的是同样的军事压力。但是在夷陵之战后，孙权除了让吴、蜀两国整体实力大减之外，还从蜀国手中将襄阳地区的防守任务接了过来。这样，原本由吴、蜀两国平摊的防守压力变成了吴国承担 3/4，而蜀国承担 1/4。自此以后，吴国就比以前更加疲于应付魏国的压力。后来的历史大家都很熟悉，蜀、吴两个弱者皆被魏所灭。三国历史上几颗闪亮的明星就此陨落。

分析了三国时期的吴国与蜀国两个集团所采取的策略的利害得失，其目的不仅是用博弈论的原理帮助你认识与理解历史，也是希望你从中领悟到一些深层次的生存智慧。

枪手博弈启示

　　身为弱者，能够清醒地认识自己，明确自己最急需提高的能力尤为重要。有了超强的能力，同时采用恰当的策略，再加上点运气，成功的可能性要远远大于能力不济而只靠策略与运气的人。

做事要留回旋余地

　　20 世纪初，在美国西部落基山脉的凯巴伯森林中约有 4000 头野鹿，而与之相伴的是一群群凶残的狼，它们威胁着鹿的生存。为了这些鹿的安宁，1906 年，美国政府决定开展一场除狼行动，到 1930 年，累计枪杀了 6000 多只恶狼。狼在凯巴伯林区不见了踪影，不久鹿增长到 10 万余头。兴旺的鹿群啃食一切可食的植物，吃光野草，毁坏林木，并使以植物为食的其他动物锐减，同时也使鹿群陷于饥饿和疾病的困境。到 1942 年，凯巴伯森林中的鹿的数量下降到 8000 头，且病弱者居多，兴旺一时的鹿家族急剧走向衰败。

　　谁也没有想到会出现这种事与愿违的局面。狼被消灭了，鹿没有了天敌，日子过得很安逸，也不用经常处于逃跑的状态了。"懒汉"体弱，于是鹿群开始退化。美国政府为挽救灭狼带来的恶果，不得不又实施了"引狼入室"计划。1995 年，美国从加拿大运来首批野狼放生到落基山中，森林中才又焕发勃勃生机。

　　如果把上述思想应用在一些特定的博弈中，则我们常说的"对待敌人应该像秋风扫落叶那样残酷无情"就未必是最好的策略，最好的策略恰恰是放敌人一条生路。我们还是来看三国时期的例子，因为那个时代发生的事情实在是一本很好的博弈论教材，它非常生动地表达了博弈对局中的策略互动和相互依存。

第一个例子是"华容道"。众所周知，当初诸葛亮派关羽在华容道埋伏时，刘备就提出了疑问："吾弟义气深重，若曹操果然投华容道去时，只恐端的放了。"而诸葛亮回答道："亮夜观乾象，操贼未合身亡。留这人情，教云长做了，亦是美事。"后来关羽果然以义气为重，在华容道上放走了曹操。人们对此扼腕叹息，认为关羽以私废公，错失了杀掉曹操的大好机会。但是如果我们以博弈论的观点分析，则里面大有文章在。

先让我们冷静地分析一下当时的形势：当时刘备兵微将寡，占有江夏弹丸之地，就算华容道上杀了曹操，也根本无力一统天下；而江东孙权在赤壁之战中获胜，势力更大，除掉曹操，孙权的下一个目标无疑会是刘备。而以刘备当时的实力，无论如何不是孙权的对手。如果放曹操生还，他由于赤壁新败，元气大伤，定要好好休整，伺机报仇；孙权虽胜也因忌惮，必然加紧防范，不敢妄动。这样，两大诸侯互相牵制，刘备集团便可乘隙虎踞荆襄，进兵西川，取益州，夺汉中，三分天下。因此，"夜观乾象"不过是虚妄之词，为了自身的安危而有意放曹操一条生路，才是诸葛亮与刘备在这场博弈中的最优策略。

第二个例子是大家耳熟能详的"空城计"。马谡失掉北伐的战略要地街亭，蜀军处于不利的局势之下。诸葛亮安排撤兵后，司马懿亲率大军逼近，而诸葛亮手中已无兵将可用。诸葛亮无奈之下，利用司马懿多疑的性格而大胆使出空城计，司马懿果然中计退兵。但是如果用博弈论的观点加以解读，其中也许另有一番道理。从《三国演义》的描写中，我们可以看到司马懿的儿子已经指出有可能是诸葛亮在使空城计，而以司马懿卓越的军事才能，就算不能断定是否真有埋伏，只稍派出小股部队略加试探便知真假，何以仓皇撤军？唯一合乎逻辑的解释就是，司马懿并不想过早地除掉诸葛亮。为什么呢？因为司马懿并非曹氏心腹之臣，他在朝中一直受曹真等人的排挤，曾经被贬为平民。只因诸葛亮伐魏无人可挡，最后曹魏又不得不请司马懿出山。可以说，正是因为诸葛亮的存在，才使得曹魏对司马懿有所依赖。司马懿可能也很清楚，在他未能掌握军国大权的时期，一旦诸葛亮倒下，那么他被逐出朝廷甚至惨遭迫害的日子也就到了。于是，司马懿在空城计前面退却了。后来，司马懿不断扩充军权，大权独揽，那是为了自己和家族不致在诸葛亮死后被曹魏挟制和迫害。

枪手博弈启示

事物之间存在着密切的关系，看似不合理的现象中却有着固有的平衡，一旦这个平衡被人为地打破，可能会带来无法预知的灾难。也就是说，我们做任何事情都要有个限度，超过了这个限度，反而会得到不好的结果。即便对待敌人，也不一定总要"像秋风扫落叶一样无情"，有时放他一马，反而会使自己在下一轮博弈中取得有利的态势。

远离是非，避免冲突

我们回看"三个枪手的决斗"，如果是枪法最差的丙先开枪，其最佳策略是向天开枪。因为只有向天开枪，他才可以继续安稳地看着甲、乙二人拼个你死我活，也就是"坐山观虎斗"。但即使是坐山观虎斗，两虎斗过之后，你终究还是要面对其中一个。既然进入了"枪手对决"的局中，你面临的仍是你死我活，而且注定无法逃脱。

《古今谭概·微词部》中记载了下面这个故事：齐高祖萧道成与尚

书令王僧虔比试书法（王僧虔在当时以书法著称于世）。二人写完后，萧道成问王僧虔："我们哪个书法第一？"王僧虔回答说："为臣的书法是人臣中的第一名，陛下的书法是帝王中的第一名。"齐高祖听了大笑，说："爱卿真会替自己说话！"

王僧虔以书法见称于世，而齐高祖萧道成在书法上却未见有什么地位，他们二人进行书法比赛，论水平，萧道成当然赶不上王僧虔。但萧道成自己却并不这样认为，所以他得意地向王僧虔发问，这可使王僧虔有些为难了。自己的书法明摆着比萧道成好，但现在却绝对不能说自己是第一，因为萧道成的用意就在于要王僧虔承认他的书法是第一。如果不能满足他这种虚荣心，那么萧道成定会难为他。得罪了皇帝，那可是后患无穷。但王僧虔又不愿违心地去吹捧萧道成，可说是已入进退两难之境。但王僧虔通过把自己与萧道成分开，避开他们之间的正面比较，认为自己是人臣中的第一，而萧道成则是帝王中的第一，这样两个人都是第一，既满足了萧道成的虚荣心，也表现出对自己书法水平的充分自信，可谓两全其美。而萧道成也只能一笑，说王僧虔"真会替自己说话"了。

在很多情况下，我们就是需要这样一种远离是非的艺术。比如你的朋友犯了一个无伤大雅、无关紧要，同时也与你毫无关系的小错误，你要不要当众指出来，或者卷入无谓的纷争？你是宁愿退避三舍还是逞一时的口舌之快？成功学大师戴尔·卡耐基的亲身经历能给我们以有益的启示。

有一天晚上，卡耐基参加了一个宴会，席间，坐在他右边的一位先生讲了一个笑话，并引用了一句话。那位先生提到，他所引用的这句话出自《圣经》。卡耐基当时为了表现自己的优越感，企图纠正这位先生，告诉他这句话出自《哈姆雷特》。那位先生听到卡耐基的纠正后立刻反驳道："不可能！绝对不可能！那句话出自《圣经》。"刚好卡耐基的老朋友、研究莎士比亚多年的法兰克坐在他旁边，于是两人都同意向法兰克请教。

法兰克听到以后，在桌下踢了卡耐基一下，然后说："戴尔，你错了，这位先生是对的。这句话是出自《圣经》。"宴会结束后，在回家的路上，卡耐基生气地对法兰克说："法兰克，你明明知道那句话出自《哈姆雷特》。""是的，当然！"法兰克回答，"《哈姆雷特》第五幕第二场。可是戴尔，我们是宴会上的客人。为什么要证明他错了？那样会使他喜欢你吗？为什么不保留他的颜面？他并没有问你的意见啊，他不需要你的意见，为什么要跟他抬杠？我们要永远避免跟人家正面冲突。"

卡耐基和那位客人都是宴会上的宾客，本来大家欢宴一场，可能会成为好朋友，但是卡耐基却要通过纠正一个别人无关紧要的错误来表现自己的优越感，结果遭到了对方的不满。而他的朋友法兰克则明白，如果自己也同卡耐基一样去纠正这位客人的错误，就会使这位客人陷入尴尬的境地，所以他只好委屈自己的朋友，不跟客人较真，以免扫了别人的兴。

枪手博弈启示

老子曾说："夫唯不争，故天下莫能与之争。"一个人如果学会远离是非，那么他的处世水平就上升到了一个更高的层次。远离是非在本质上可以看作一种博弈方法，其目的是使自己尽量不卷入无谓的纷争。本文开头已经说过，只要卷入战局，结果就是非死即伤，所以最明智的策略就是，如果不是情非得已，开始时就远离战局。

分蛋糕博弈是研究在讨价还价中，如何选择策略才会使公平、效率与收益最大化相统一的博弈模型。在这样的博弈中，随着时间成本的加入，将使得分配变得复杂化。双方如果不能及时达成交易，不仅集体的收益将减少，而且个体的收益也将减少。在此情况下，利用时间成本以及警告、承诺将对其中一方极其有利。

第十二章

分蛋糕博弈
谈判与讨价还价的博弈策略

你会讨价还价吗

有一对男女在分一块蛋糕，那么怎样分配才能保证公平合理呢？有一个很简单的办法，就是一方将蛋糕一切两半，另一方则选择自己分得哪一块蛋糕。不妨先假设男人负责切蛋糕，而女人则在两块蛋糕中选择一块。很显然，男人在这种切蛋糕的规则下，一定是努力让两块蛋糕切得尽量大小相同。

但是，在现实中，将两块蛋糕切得大小完全一样是不可能的。如果使用精密仪器去测量，用精密刀具去切割，则成本又太高了，还不如用手去切。假设这个男人与女人都是那种斤斤计较、很小家子气的人，那么，在这样的规则下，男人分得的蛋糕一定是较小的那块。那这是为什么呢？

男人和女人都想得到最大块的蛋糕，两个人都不愿意先去切这块蛋糕，于是又出现了另一种分配蛋糕的规则。如果把蛋糕的总量看作 1，男人和女人各自同时报出自己希望得到的蛋糕份额，如 4/5、7/8。

他们之间约定，必须是两人所报出的份额相加总和等于 1 时，才能分配，否则重新分配。但是，从数学角度上看，这两个人博弈的纳什均衡点会有无数个，只要两人所报出的份额相加为 1，就都是均衡结局，比如男人报 1/2，女人报 1/2；男人报 2/3，女人报 1/3，以此类推。这里的问题在于如果女人报 8/9，男人报 1/9，这个时候男人也只有接受这个条件。由于这是一次性博弈，如果男人不接受，那么双方连一丁点儿的蛋糕都分不到。从人的理性角度来看，这种结果显然是不存在的。

在现实生活中，那些绝对的利他主义者，或者说是带有其他目的的博弈参与者除外，很明显，如果把 4/5 的蛋糕归某一参与者，而剩余仅仅 1/5 的蛋糕留给另一参与者的情况是很难发生的。男人绝对不会满足于只分到 1/5 的蛋糕，他会要求再次分配。在这种情况下，分蛋糕的博弈就不再是一次性博弈。看到了吗？分蛋糕的博弈与商场中讨价还价是多么相似呀！

在商场竞争中，无论是日常的商品买卖，还是国际贸易乃至重大政治谈判，都存在讨价还价的问题。

比如中国加入 WTO 的时候，政府为了国家和民族的利益与许多发达国家讨价还价，进行了漫长而又艰难的谈判。我们从这个漫长的谈判中可以发现，讨价还价的过程实际上就是一个谈判的过程。比如发达国家首先对中国提出一个要求，中国决定是接受还是不接受，如果中国不接受，可以提出一个相反的建议，或者等待发达国家重新调整自己的要求。这样双方相继行动，轮流提出要求，从而形成了一个多阶段的动态博弈。

有这样一个故事：某个穷书生为了维持生计，要把一个古董卖给财主。书生认为这古董至少值 300 两银子，而财主是从另一个角度考虑，他认为这个古董最多值 400 两银子。从这个角度看，如果能顺利成交，那么古董的成交价格为 300 ~ 400 两银子。如果把这个交易的过程简化为：由书生开价，而书生选择成交或还价。这时，如果财主同书生的还价，交易顺利完成；如果财主不接受，那么交易就结束了，买卖也就没有做成。

这是一个很简单的两阶段动态博弈问题，应该从动态博弈问题的倒推法原理来分析这个讨价还价的过程。由于财主认为这个古董最多值 400 两银子，因此，只要书生的讨价不超过 400 两银子，财主就会选择接受讨价条件。但是，再从第一轮的博弈情况来看，很显然，书生会拒绝由财主开出的任何低于 300 两银子的价格，如果财主开价 390 两银子购买古董，书生在这一轮同意的话，就只能得到 390 两银子；如果书生不接受这个价格，那么就有可能在第二轮博弈提高到 399 两银子，财主仍然会购买此古董。从人类的不满足心理来看，书生会选择还价。

在这个例子中，如果财主先开价，书生后还价，结果卖方可以获得最大收益，这正是一种后出价的"后发优势"。这个优势相当于分蛋糕动态博弈中最后提出条件的人几乎霸占整块蛋糕。

事实上，如果财主懂得博弈论，他可以改变策略，要么后出价，要么先出价但是不允许书生讨价还价，如果一次性出价，书生不答应，就坚决不再购买书生的古董。这个时候，只要财主的出价略高于 300 两银子，书生一定会将古董卖给财主。因为 300 两银子已经超出了书生的心理价位，一旦不能成交，那一文钱也拿不到，只能继续受冻挨饿。

博弈理论已经证明，当谈判的多次博弈是单数时，先开价者具有"先发优势"；而谈判的多次博弈是双数时，后开价者具有"后动优势"。这在商场竞争中是常见的现象，急切想买到物品的买方往往要以高一些的价格购得所需之物；急于推销的销售人员往往也是以较低的价格卖出自己所销售的商品。

分蛋糕博弈启示

急于成交的，往往要支付较高的成本。正是这样，富有购物经验的人买东西、逛商场时总是不紧不慢，即使内心非常想买下某种物品，也不会在店员面前表现出来；而富有销售经验的店员们总会用"这件衣服卖得很好，这是最后一件"之类的话，试图将物品以高价卖出。

时间也是一种成本

两个猎人前去打猎，路上遇到了一只离群的大雁。于是两个猎人同时拉弓搭箭，准备射雁。这时猎人甲突然说："喂，我们射下来后该怎么吃？是煮了吃，还是蒸了吃？"猎人乙说："当然是煮了吃。"猎人甲不同意，说还是蒸了吃好。两个人争来争去，一直也没有达成一致意见。这时，来了一个打柴的村夫，听完他们的争论笑着说："这个很好办，一半拿来煮，一半拿来蒸，不就可以了。"两个猎人停止争吵，再次拉弓搭箭，可是大雁早已没影儿了。

在很多方面，时间都是金钱。最简单的一点莫过于较早得到的 10 万元，其价值超过后来得到的 10 万元。因为即便是排除利率或汇率变化的因素，较早得到的钱可以用来投资，赚取利息或红利。假如投资回报率是每年 5%，那么现在得到的 10 万元等于明年此时的 10.5 万元。

在谈判中，收益缩水的方式千差万别，缩水比例也不同。但有一点是可以肯定的，那就是任何讨价还价的过程都不可能无限延长。因为谈判的过程总是需要成本的，在经济学上这个成本称为"交易成本"。就如同冰激凌蛋糕会随着两个孩子之间的争抢过程而融化，不妨仅简单地认为融化的那部分蛋糕就是这个过程的交易成本。而且商业社会有一个必不可少的特征——时间就是金钱。即便是恋人之间关于看球还是看芭蕾舞的谈判，所耗费的时间也是成本，而恋人之间的争执对双方心理的伤害也是巨大的，这些成本往往远高于交易所带来的收益。

因此，有很多谈判也和分配蛋糕一样，随着时间的推移，蛋糕缩水就越厉害。假如各方始终不愿意妥协，暗自希望只要谈成一个对自己更加有利的结果，其好处就将超过谈判的代价。

英国作家查尔斯·狄更斯写的《荒凉山庄》描述了一个极端的情形：围绕荒凉山庄展开的争执变得没完没了，以至于最后不得不卖掉整个山庄，用于支付律师们的费用。

不同的谈判按照不同的规则进行。在超市里，卖方会标出价格，买方的唯一选择就是要么接受这个价格，要么到别的店里碰运气。这可以视为一个最为简单的讨价还价法则。而在商业谈判中，卖家首先给出一个价码（称为发盘），接着买家决定是不是接受。假如不接受，他可以还一个价码（称为还盘），或者等待卖家调整自己给出的价码。有时候，相继行动的次序是约定俗成的，也有一些时候，这一次序本身就具有策略意义。

假如一场谈判久拖不决，那么卖家将会失去抢占市场的机会，而买家会失去一次使用新产品的机会。假如各国陷入一轮旷日持久的贸易谈判，它们就会在争吵收益分配的时候丧失贸易自由化带来的好处。在这些例子中，参与谈判的所有方都愿意尽快达成协议。

罗伯特·奥曼与夏普利在1976年证明了，两人为分一块饼而讨价还价，这个过程看似可以无限期地进行下去，但是，只要没有一个人有动机偏离对偏离者实施惩罚的机制，也没有一个人去偏离对偏离了"对偏离者实施打击"的轨道的人实施惩罚的机制，并且这种惩罚链不中断，则讨价还价的谈判就会因达成均衡而结束。

马拉松式的谈判一轮轮拖而不决的原因在于，参与谈判的双方之间，还没有就蛋糕的融化速度，或者说未来利益的流失程度达成共识。

从数学上可以证明，分蛋糕博弈只要博弈阶段是双数，双方分得的蛋糕就一样大，博弈阶段是单数时，轮到最后提要求的博弈者所得到的收益一定会高于另一方，然而随着阶段数的增加，双方收益之间的差距会越来越小，每个人分得的蛋糕将越来越接近于一半。也就是说，向前展望、倒后推理的方法，可能在整个过程开始之前就已经有了结果。

策略行动可能在确定谈判规则的时候就已经开始。如果预期结果是第一个条件能够被对方接受，谈判过程的第一天就会达成一致，后期不会再发生。不过假如第一轮不能达成一致，这些步骤将不得不进行下去，这一点在一方盘算怎样提出一个刚好足够吸引对方接受的第一个条件时非常关键。

由于双方向前展望，可以预想到同样的结果，他们就没有理由不达成一致。也就是说，向前展望、倒后推理将引出一个非常简单的分配方式：中途平分总额。

分蛋糕博弈启示

谈判是一种像跳舞一样的艺术，参与谈判的谈判者应该尽量缩短谈判的过程，尽快达成一项协议，以便减少耗费的成本，从而避免损失，维护各自的最大利益。正如本杰明·富兰克林所说："记住，时间就是金钱。"只有懂得节约时间成本，高效、合理地利用时间，才能成为时间的主人。

最后通牒：不同意就拉倒

公平分配无疑是谈判中达成合作的重要保障。因为面对一个具有公平观念的谈判对手，不公平的条件常常会带来他的抗拒行为——即使他处于谈判的劣势。

最后通牒博弈中的规则是，提议者可以提议怎样分配，而方案能否实施则需要由回应者来决定：如果回应者同意该方案，则实施该方案；如果回应者不同意该方案，那么双方就什么也得不到。在最后通牒博弈中，均衡结果是什么？

标准的博弈论分析是这样的：首先考虑回应者的选择，对于他来说，如果同意则可得到一块蛋糕，不同意则只能得到 0，因此只要所能分得的蛋糕比例略大于 0，那么他都应该同意。既然如此，回溯到提议者提议的时候，他很清楚回应者的想法，于是他就会只给回应者一个略大于 0 的分配比例（比如，假设 0.1 是最小的分配单位的话，那么他就只会分给回应者 0.1）。

不过，最后通牒博弈的标准博弈论分析结果其实并不是普遍的，更普遍的情况是相对公平的分配结果。在 100 元分配的最后通牒博弈中，大多数提议人分配给回应者 40~50 元；分配给回应者 50~70 元的情况极少见；分配给回应者小于 20 元的方案被拒绝的概率很高（约 40%~50%）。而且，最后通牒博弈的结果是相当有说服力的，承受住了来自各方的质疑。比如，有人认为，这一结果可能与不同国家和地区的文化传统、道德习俗等有关，而来自欧洲、美洲、亚洲许多国家的研究依然得到了大致相同的结果。而以分配 100 元来进行的独裁博弈实验则表明，分给回应者为 0 的极端分配结果仅占 20%，分给回应者大于 0 但小于 50 元的提议者占 80%，没有提议者愿意分给回应者 50 元以上。这说明，与最后通牒博弈相比，独裁博弈中由于提议者不用担心回应者的回绝，他们倾向于分配给回应者更少的份额，但他们并不是极端自利地一点也不给回应者——尽管他们可以这么做。

上述实验表明，即便人们处于谈判能力不对称的时候，恐怕也需要考虑相对公平的分配方案，否则谈判就会破裂，合作的利益就不存在。

让步是促成合作的一个方法，而谈判中有时也会使用与让步相反的方法，那就是宣称不让步来"威胁"对方。比如有些情况下，谈判的一方会向对方宣称："要么你们在协议上签字，要么咱们宣布谈判结束。我们已经不会再让步，也不想再奉陪了。"这实际上是一个最后通牒式的提议，因为对方现在只有做出同意或不同意的选择。有时这种宣称可能还附带更大的"威胁"："如果你不同意我的报价，我就要终止咱们的关系。"

这样的强权恫吓当然有可能会影响到谈判结果。但是，它仍然存在两个不可忽视的问题，一个问题是若使用不当则可能强化对立情绪；另一个问题是我们在上一章所讲到的，这样的"威胁"有可能不可置信——尤其是当谈判破裂对于恫吓者本身不利的时候。比如，在100元分配的最后通牒博弈中，提议者当然可以提出分给自己99元，分给对方1元，并且说："你不同意就拉倒。"但如果回应者真的"拉倒"，那么他自己损失仅1元，而提议者将损失99元，那么他为什么要相信提议者真的是想拉倒呢？他为什么不可以反过来要挟提议者呢？比如他可以对提议者说："你最好分给我不要少于30元，否则我就会拒绝，让你一分钱也得不到。"当然，回应者的"威胁"本身也面临可信性的质疑，但是如果他要求的数额并不高，意味着他的"威胁"被付诸实践并不需要付出太大的代价，而提议者恐怕就不能对回应者的"威胁"置之不理。如果是这样，那么提议者的强权"恫吓"可能就不起作用。就好像你在小商店买东西时，商店的小贩会"恫吓"你，这个东西在其他地方买不到，而低于多少钱他是绝对不卖的。但是当你作势要离开时，他又常常叫住你给你一个更大的折扣。这说明他的最后通牒式的价格提议其实并不管用。

那么，如何才可以使"不同意就拉倒"变得可信？一个办法是提议者应当长期累积较高的退出谈判的记录，这样他就可能给人留下很强硬的印象，而使得其"不同意就拉倒"是可信的。现实中确有这样的"提议者",如一些有声誉的商场,常常在其墙壁上写上"一口价""不二价""本店商品概不讨价还价"。

分蛋糕博弈启示

最后通牒之所以能够奏效,靠的正是时间临界点效应。逼近的时间临界点最容易让人妥协,因此留给对方最后一点考虑时间,在时间压力下,原本在意的事情会显得"无关紧要",一旦时间压力解除,个人注意力才会全面回归,而此时,错误很可能已经铸成。

充分利用手中的筹码

崇祯二年(公元 1629 年)十月,皇太极避开在山海关一带防守的袁崇焕,亲率大军从西路进犯北京。袁崇焕得讯,火速率兵回师勤王。皇太极打不过袁崇焕,于是施用反间计使崇祯怀疑袁崇焕通敌,崇祯不辨真假,于敌军兵临城下之际将相当于北京城防总司令的袁崇焕下狱,然后派太监向城外袁部将士宣读圣旨,说袁崇焕谋叛,只罪一人,与众将士无涉。袁崇焕部下众兵将听闻此讯在城下大哭。祖大寿与何可纲惊怒交加,立即带了部队回锦州,决定不再为皇帝卖命。当时正在兼程南下驰援的袁崇焕主力部队,在途中得悉主帅无罪被捕,也立即掉头而回。

崇祯见袁崇焕的兵将不理北京的防务,不由得惊慌失措,忙派内阁全体大学士与九卿到狱中,要袁崇焕写信招祖大寿回来。袁崇焕虽然心中不服,但终究以国家为重,写了一封极诚恳的信,要祖大寿回兵防守北京。这时候祖大寿已率兵冲出山海关北去，崇祯派人飞骑追去送信。追到军前，祖大寿军中喝令放箭，送信的人大叫："我奉袁督师之命，送信来给祖总兵，不是朝廷的追兵。"祖大寿接过来信，读了之后下马捧信大哭，众兵将都放声大哭。这时祖大寿之母也在军中，她劝祖大寿说："本来以为督师已经死了，咱们才反出关来，谢天谢地，原来督师并没有死。你打几个胜仗，再去求皇上赦免督师，皇上就会答允。现今这样反了出去，只会加重督师的罪名。"祖大寿认为母亲的话很有道理，当即回师入关，和清兵接战，收复了永平、遵化一带，切断了清兵的两条重要退路，皇太极被迫全线撤退。

按祖大寿的想法：我是袁督师的部下，督师令我回师保卫北京，我二话不说就率兵回来了，皇上应该因此放了袁督师吧！可是不幸得很，打退清军之后，崇祯没有如祖大寿等人所愿放了袁崇焕，最终对袁崇焕处以凌迟酷刑。可见祖大寿当初回师北京的策略并没什么用。

那么祖大寿错在什么地方呢？显然，在这里，崇祯把袁崇焕给祖大寿的亲笔信当成了与祖大寿等将士谈判的筹码，可是祖大寿却没有好好利用自己的讨价还价资本。祖大寿的讨价还价能力是什么呢？就是此时崇祯唯一害怕的清军攻入北京城，而只有他手上的这支军队才能解除北京城的危险。只要清兵一天不退，崇祯就一天不敢杀袁崇焕，因为这时杀了袁崇焕，袁部将士必将不再保卫京师。此时如果祖大寿以"不释放袁崇焕，蓟辽将士绝不奉诏"来要挟崇祯，或许可能迫使崇祯释放袁崇焕，由他率兵退敌。而祖大寿之母的主张，实际上就是在自己有讨价还价资本的时候不去讨价还价，而等失去讨价还价能力的时候再向对方提要求。如果对方是君子还好，如果对方是小人，那么他自然不会再让步了。事实也是如此，皇太极撤兵后，祖大寿上书皇帝，表示愿削职为民，以自身官阶及军功请赎袁崇焕之"罪"；袁崇焕部将何之璧率同全家四十余口到宫外请愿，表示愿意全家入狱换袁崇焕出狱。但此时强敌已去，崇祯再无顾忌，对祖大寿等人所请一概不准。

如果你想使一件事情按照你预想的方向发展，那么你就应该预见你所采取的行为可能带来的恶果，并且在自己还有讨价还价资本的时候充分运用。比如一个客户要求某厂家赶制一批设备，那么厂家一定要在正式开工前把各种条件都谈妥，如果把工作完成了再去与客户谈条件，你将可能处于极其不利的位置，至少你已失去了谈判中的讨价还价能力。

分蛋糕博弈启示

"花开堪折直须折，莫待无花空折枝"，如果把这句唐诗用在讨价还价博弈中，我们就可以解读为：一定要趁你还有讨价还价资本的时候运用它，等到你失去了这种资本，你开出的条件将会很难再被对方所考虑，你将在这场博弈中获得最小的收益。

ESS 策略即进化稳定策略，是指种群的大部分成员所采取的某种策略。因为占群体绝大多数的个体选择进化稳定策略，所以小的突变者群体就不可能侵入这个群体。或者说，在自然选择压力下，突变者要么改变策略而选择进化稳定策略，要么退出系统，在进化过程中消失。进化稳定策略的好处为其他策略所不及。动物个体之间常常为各种资源（包括食物、栖息地、配偶等）竞争或合作，但竞争或合作不是杂乱无章的，而是按一定行为方式（即策略）进行的。

第十三章

ESS 策略
适应进化规则的博弈策略

不能改变环境，就要适应环境

荒原上兀立着四座简易房，这就是解放军某师三五三团红三连二排五班。班里有四个成员：班长老马，列兵李梦、薛林、老魏，他们的任务是"看守"深埋在地下五米的输油管道，以保证野战部队训练时的燃油供给。

这是一个根本没人管你在干什么的地方，怎么表现也没人看得见。每个人要想在这里度日，就必须适应无所事事的生活，必须给自己找点乐趣来打发时间。班长老马本来是红三连最好的班长，连里派他来五班原本是对他寄予厚望，希望他能带好这里的几个兵。可是到这里不到一年半的工夫，老马已经和这里的兵没有两样，因为他明白了一个"道理"：这方圆几十公里就这几个人，想好好待下去，就得明白多数人是好，少数人是坏。所以这里没有军事训练，没有军规军纪，没有上级下级，几个人每天在这里基本上靠打牌度日——总之，在这种环境下，班长没有班长的样子，兵没有兵的样子，军营没有军营的样子，宿舍没有宿舍的样子。大家对这种状况早已习惯，并且习惯得心安理得。

直到有一天，这里来了个木讷而实心眼儿的"新兵蛋子"许三多，他一切都是按新兵连的要求来要求自己。到这里的第二天早上，许三多把自己的被子叠得整整齐齐，把宿舍收拾得干干净净，出去跑步、踢正步去了，一个星期如此，一个月如此……他不但把自己的内务整理得一丝不苟，而且还帮其他几个战友整理内务，因为他在新兵连的班长曾经对他讲过"在内务问题上要互相帮助"。

许三多所做的一切换来的是另外三个兵的敌视甚至是仇视，因为他们无法再像以前那样随便坐床、躺床，无法再心安理得地混日子。于是他们对许三多冷嘲热讽。班长老马明白许三多是正确的，但他知道几个人要想在这里和睦共处，首要的是团结，因此只能信奉"大多数人是对的，少数人是错的"这一原则。他曾经试图给许三多讲故事以说明这个道理："狗栏里关了五条狗，四条狗沿着顺时针方向跑圈，一条狗沿着逆时针方向跑圈。后来顺着跑的四条都有了人家，逆着跑的那条被宰了吃肉，因为逆着跑那条不合群、养不熟，四条狗……甭管怎么说，它们的价值也是一条狗乘以四。"

然而，老实、木讷且极认死理的许三多没有被班长说服，反而把班长的一句玩笑当作命令，开始独自在营地修一条路——以前动用一个排的兵力没有修成的路。就这样，一个人修路，三个人破坏，老马也曾想让许三多放弃修路，但终究还是接受了事实。到最后，许三多硬是一个人修了一条路，他以实际行动教育了四个"老兵油子"，五班的面貌也开始慢慢有了改观。

这就是电视剧《士兵突击》中的情节，这段故事中处处可以看见博弈论中"ESS 策略"的影子。

ESS 是英文 Evolutionarily Stable Strategy 的缩写，其中文译为"进化稳定策略"。这一概念的提出归功于约翰·梅纳德·史密斯和普莱斯在 1973 年所写的《动物冲突的逻辑》一文，其中心思想是"种群的大部分成员采取某种策略，这种策略的好处为其他策略所不及"。通俗地讲，就是对某个个体而言，最好的策略取决于大多数成员在做什么。

虽然进化稳定性准则是一个生物学上的概念，但是进化稳定策略被人们看成是传统习惯或已经确立的行为规则。比如，社会风气、企业管理模式等，都可以看作某种人类群体的规则，而极个别的人群社会行为、习气的变化就会被认为是"变异"。如果占群体绝大多数的个体选择进化稳定策略，那么小的突变者群体就很难（几乎是不可能）侵入这个群体。然而，如果那些极少数的人群或企业的收益比不变异的人群或企业高，那么这些变异分子会生存得更好；反之，则被淘汰。

比如，《士兵突击》中草原上的红三连五班，大多数成员选择打牌"混日子"，而"新兵蛋子"许三多选择"做有意义的事"，那么在通常情况下，作为"侵入者"的许三多是不可能融入，也不可能改变那个"孬兵"群体的，因为他采取的是与大多数人相反的策略。所以，刚开始来五班时他被视为"异类"，而且五班的人认为他的行为坚持不了几天，正像许三多刚来五班没几天时李梦所"思考"的那样："人的惯性和惰性能延续多长时间，这个新兵蛋子能保持他的内务到什么时候？"

但是，进化稳定策略还包含这样一个重要思想：如果突变个体得到的收益大于原群体中个体所得到的收益，那么这个变异策略就能够侵入这个群体；反之，就不能侵入这个群体并在进化过程中消失。如果一个群体能够消除任何突变个体的侵入，那么就称该群体达到了一种进化稳定状态。班长老马起初也是作为一个"突变个体"来到五班，但他没能成功"侵入"，而是"在进化过程中消失"了，也就是和那些孬兵变得没什么两样了；而许三多也是一个"突变个体"，他则成功地"侵入"了五班，改变了五班的风貌，有了这样的底子，后来成才当了五班班长以后，以往没有任何人在意的荒原上的五班成了训练部队宁可绕道都要来的休憩之地。

> ### ESS 策略启示
>
> 要么你适应环境，被环境改变，也就是说，在大家都这么做的时候，你最好也这么做，因为这是最省事、最方便且风险最小的策略；要么你改变环境，这很难甚至几乎不可能，但一旦环境随着你的策略改变，你就是新规则的制定者。

无法摆脱的"路径依赖"

春秋时期，齐桓公经常在宰相管仲的陪同下到处视察。一天，他们来到马棚，齐桓公一见养马人就关心地询问："马棚里的大小诸事，你觉得哪一件事最难？"养马人一时难以回答。这时，在一旁的管仲代他回答道："从前我也当过马夫，依我之见，编排用于拦马的栅栏这件事最难。"

齐桓公奇怪地问道："为什么呢？"

管仲说道："因为在编栅栏时所用的木料往往曲直混杂。你若想让所选的木料用起来顺手，使编排的栅栏整齐美观、结实耐用，开始的选料就显得极其重要。如果你在下第一根桩时用了弯曲的木料，随后你就得顺势将弯曲的木料用到底，笔直的木料就难以启用。反之，如果一开始就选用笔直的木料，继之必然是直木接直木，曲木也就用不上了。"

管仲虽然说的是编栅栏建马棚的事，但其用意是讲述治理国家和用人的道理：如果从一开始就做出了错误的选择，那么后来就只能将错就错，很难纠正过来。管仲不愧是一位出色的政治家，他在寥寥数语之中，揭示了社会 ESS 策略的形成，也就是被后人称为路径依赖的社会规律：人们一旦做了某种选择，这种选择会自我加强，有一个内在的东西在强化它，一直强化到它被认为是最有效率、最完美的选择。这就好比走上了一条不归路，人们不能轻易偏离。

科学家曾经进行过这样一个试验，来证明这一规律。他们将四只猴子关在一个密闭房间里，每天喂很少的食物，让猴子饿得吱吱叫。然后，实验者在房间上面的小洞放下一串香蕉，一只饿得头昏眼花的大猴子一个箭步冲向前，可是它还没拿到香蕉时，就触动了预设机关，被泼出的热水烫得全身是伤。后面三只猴子依次爬上去也想拿香蕉时，一样被热水烫伤。于是众猴只好望蕉兴叹。

几天后，实验者用一只新猴子换走一只老猴子，当新猴子肚子饿得也想尝试爬上去吃香蕉时，立刻被其他三只老猴子制止。过了一段时间，实验者再换一只新猴子进入，当这只新猴子想吃香蕉时，有趣的事情发生了，不仅剩下的两只老猴子制止它，连没被烫过的那只猴子也极力阻止它。

实验继续，当所有猴子都已被换过之后，没有一只猴子曾经被烫过，热水机关也被关了，香蕉唾手可得，却没有猴子敢去享用。为什么会出现这种情况呢？

在回答这个问题之前，我们先来看一个似乎与此无关的问题。大家知道现代铁路两条铁轨之间的标准距离是四英尺又八点五英寸（1435毫米），但这个标准是从何而来的呢？

早期的铁路是由建电车的人设计的，而四英尺又八点五英寸正是电车所用的轮距标准。那电车的轮距标准又是从何而来的呢？这是因为最先造电车的人以前是造马车的，所以电车的标准是沿用马车的轮距标准。马车又为什么要用这个轮距标准呢？这是因为英国马路辙迹的宽度是四英尺又八点五英寸，所以如果马车用其他轮距，它的轮子很快会在英国的老路上撞坏。原来，整个欧洲，包括英国的长途老路都是由罗马人为其军队所铺设的，而四英尺又八点五英寸正是罗马战车的宽度。罗马人以四英尺又八点五英寸为战车的轮距宽度的原因很简单，这牵引一辆战车的两匹马屁股的宽度。

马屁股的宽度决定现代铁轨的宽度，一系列的演进过程，十分形象地反映了路径依赖的形成与发展过程。

"路径依赖"这个名词，是美国斯坦福大学教授保罗·戴维在《技术选择、创新和经济增长》一书中首次提出的。20 世纪 80 年代，戴维与亚瑟·布莱思教授将路径依赖思想系统化，很快使之成为研究制度变迁的一个重要分析方法。他指出，在制度变迁过程中，由于存在自我强化的机制，这种机制使得制度变迁一旦走上某一路径，它的既定方向就会在以后的发展中得到强化。即在制度选择过程中，初始选择对制度变迁的轨迹具有相当强的影响力和制约力。人们一旦确定了一种选择，就会对这种选择产生依赖性；这种初始选择本身也就具有发展的惯性，具有自我积累放大效应，从而不断强化自己。

这也可以解释前文的猴子实验。由于取食香蕉的惩罚印象深刻，因此虽然时过境迁、环境改变，后来的猴子仍然无条件服从对惩罚的解释与规则，从而使整体进入路径依赖状态。

路径依赖理论被总结出来之后，人们把它广泛应用在各个方面。在现实生活中，由于存在报酬递增和自我强化的机制，这种机制使人们一旦选择走上某一路径，要么进入良性循环的轨道加速优化，要么顺着原来的错误路径往下滑，甚至被"锁定"在某种无效率的状态下而导致停滞，想要完全摆脱也变得十分困难。

　　每个人的一生都会面临许多选择，多年前的一次选择，可能会决定你一生的轨迹，因为你会沿着这条选择的道路去发展；路径依赖的玄妙之处正在于此。事实上，我们每个人都难以完全摆脱它，所以只能把握住自己选择的力量，比如选择财富、环境、好心情、过有意义的生活……

习惯变成依赖，就无法改变

　　亚太经合组织在上海开会期间，中央电视台做了一次访谈节目，一个美国投资人说了一句话："我们美国人吃香蕉是从尾巴上剥，中国人则是从尖头上剥，差别很大，但没有谁一定要改变谁的必要。"世界上许多事，国家之间的大事、人与人之间的小事，许多都与这个"从哪一头吃香蕉"的问题有相似的地方——各持一端，也许都有道理。一个人很难让自己改变剥香蕉的习惯。

　　无论懒惰者还是勤勉者，都可以养金鱼。勤勉者可以每天换一次水，懒惰者可以一月一换。只是如果突然改变换水的习惯，变一天为一月，或变一月为一天，金鱼都可能莫名其妙地死去。勤勉者据此得出结论——金鱼必须一天一换水；懒惰者得出完全相反的结论——金鱼只能一月一换水。

　　这就如同我们剥香蕉的方式，很多人之所以急于改变，其实是出于一种自卑与短视。如果遇到难以改变的，我们不妨先试试换个角度去想，它是不是香蕉的问题？如果是，那么既然香蕉可以从两头吃，那么这种改变又有什么必要呢？

　　在人们的生活中，存在着种种惯例，也就是哈耶克所说的规范人们社会活动与交往的"未阐明的规则系统"，尽管它不像种种法律法规和规章制度那样是一种成文的、正式的、由第三者强制实施的硬性规则，而是一种非正式规则、一种"非正式约束"，但是它巨大的影响力却是不容忽视的。

　　在《制度经济学》一书中，作者康芒斯指出："至于某些习俗，像商誉、同业行规、契约的标准形式、银行信用的使用、现代稳定货币的办法等，这一切都称为'惯例'，好像习俗与惯例有一种区别似的。可是，除了所要求的一致性和所允许的变化性的程度不同之外，并没有区别。"接着，康芒斯还举例道，在现代社会中使用银行支票的惯例，其强迫性不下于在欧洲中世纪佃农在领主土地上服役的习俗。一个现代商人不能自由使用现金，而必须用银行支票，这很像佃农不能自由地跟盗侠罗宾汉入伙一样。如果一个现代商人拒绝收付银行支票，他根本就不能继续生存。许多其他的现代惯例，也有同样的情况。如果一个工人在他人都 7 : 00 准时上班的情况下 8 : 00 才到，就不能保住他的饭碗。

　　ESS 策略能提供给博弈的参与者一些确定的信息，因而它也就能起到节省人们在社会活动中的交易费用的作用。最明显的例子是格式合同。格式合同又称标准合同、定型化合同，是指当事人一方预先拟定合同条款，另一方只能表示全部同意或不同意。因此，对于另一方当事人而言，要订立合同，就必须全部接受合同条件。现实生活中的车票、船票、飞机票、保险单、提单、仓单、出版合同等都是格式合同。在进行一项交易时，只要交易双方签了字就产生了法律效力，也就基本上完成了一项交易活动。这种种契约和合约的标准文本，就是 ESS 策略或称惯例。

　　我们可以想象，如果没有这种种标准契约和合约文本，在每次交易活动之前，各交易方均要找律师起草每份契约或合约，并就各种契约或合约的每项条款进行谈判、协商和讨价还价，如果是这样的话，任何一种经由签约而完成的交易活动的交易成本将会高得不得了。

《华尔街日报》曾经有一篇文章分析中国人中秋节互赠月饼的礼仪。若干年以前，每块 1/4 磅（约 113 克）重的月饼——最常见的馅是由莲蓉、糖、油组成的——是贵重的礼品、稀罕的美食，人们把月饼精心地保存到寒冷的冬季，即大多数人仅能吃上大白菜的时令。不过，中国人现在富裕了，月饼变得更像是累赘而非礼品了。就像美国的圣诞节水果蛋糕一样，蛋糕被人们送来送去，直到节日终了——最后一个收到蛋糕的人就不得不吃了它，或者悄悄地扔掉。

在人们天天只能吃大白菜的时代里，月饼是一种有意义的礼品，很受欢迎。令人困惑的是，人们为什么要在收到月饼之后回赠月饼，而不是食用自己买的或做的月饼？答案在于，月饼赠予是人们传递给朋友、亲属、同事的信号，以此表明自己是良好的合作者。像其他非货币赠予一样，月饼一方面对赠予人来说是成本高昂的，另一方面对受赠人来说又价值不大——它湮没在了源自人际关系的合作收益之中。

为什么赠送月饼而不是其他什么东西成了一种信号？答案是，人们今年相互赠送月饼，是因为他们去年就相互赠送月饼。在任何时间，人们的行为必须符合此前一段时间的预期。如果他们不这样做的话，那么其他人就会开始怀疑他是否想延续某一关系。

充分利用榜样的力量

　　齐桓公即位不久，齐国刚刚经历大动乱，全国百业凋敝、贫富悬殊。而天公偏不作美，在这样的景况下，齐国又闹起了饥荒，齐桓公一筹莫展，就找管仲来商量对策。

　　齐桓公说："这次的饥荒面积很广，许多流民衣不蔽体、食不果腹，如果能让各地的官员大夫拿出自己的存粮，就地安置流民，齐国根本不会像现在这样慌乱不堪。可是这些大夫也着实可恶，全在借着饥荒大肆聚敛财物，却没一个肯拿出一丁半点儿来的，宁可让粮食在府里腐烂，也不愿拿出来散发给那些极为缺粮的老百姓们。就这样眼睁睁看着百姓受苦、大夫们逍遥吗？仲父，您可有对策？"

　　管仲说："请大王下令招来城阳大夫质问。"齐桓公大惑不解，奇怪管仲丝毫不理会怎样解决百姓的口粮问题，反倒提起一个不相干的大夫，不禁问："为什么要问他呢？"管仲回答说："城阳大夫所宠爱的娇妻美妾们穿着华贵的服饰，每一件都可以供普通的四口之家一年温饱无忧。家中所养的鹅和鸭子都能吃上黄米饭。在家里，他经常鸣锣奏乐、歌舞升平、寻欢作乐、奢侈淫逸、大摆筵席。而那些同姓的兄弟却无衣御寒、无食果腹，这样的人，连家人尚且如此对待，还能指望他在官位上尽忠国家、爱护百姓吗？"

齐桓公一听甚觉有理，便下令招来城阳大夫，罢免了他的官职，查封了他的家产，并且不准他随意走动。那些有功受赏的官宦人家得知此事原委后，都争先恐后地把自己囤积起来的粮食和布匹发放给远亲近邻以及那些寒苦无依的人们。有的大夫觉得这还不够，干脆把那些贫困、病残、孤独、老迈的人们统统收养起来。从此齐国再也找不到饥饿的穷苦人了。

又过了几年，齐国风调雨顺，年景很好，可是到了收获的季节，粮价却下跌得厉害。齐桓公深恐这样下去就会使本国的粮食流向其他国家，便再次向管仲求教对策。管仲说："今天我从闹市经过时，看到又有两家大粮仓落成了，主公您如果能让这两个粮仓的主人出来做官，全国肯定都知道囤粮可以做官，那么必定有很多人自愿出资修建粮仓、囤积粮食，这样一来粮食自然不会外流他国了。"齐桓公听从了管仲的建议。

于是，全国上下都知道修筑粮仓囤积粮食可以做官，那些有钱人家便纷纷拿出大笔大笔的钱来购粮，争做存粮的模范。京城中骤然建起了很多大粮仓，粮价暴跌的问题很快就随之解决了。

实际上，管仲的这种做法，包含着很深刻的博弈论智慧。榜样的力量是无穷的，不要以为这句话老套过时，其实当中确实蕴含了相当重要的真理。无论是好事还是坏事，只要有了先例，就会有人跟风而动。管仲惩治了城阳大夫，相当于向与城阳大夫一样奢侈淫逸、囤积居奇的官员们敲响了警钟，也就是所谓的"杀鸡儆猴"。刚开始的时候，那些官员们献出自己的财物、粮食都很是"肉痛"，可是随着献的人越来越多、献的数量越来越大，不献的人再也坐不住。这如同单位组织捐款一样，大家都捐你不捐，你肯定是后进者。而管仲的后一个做法是擢升寻常百姓，给了全国有钱人一个重要信息：存粮是政府所鼓励的，存粮可以得到官职。可以说，管仲的前后两个做法充分利用了榜样的作用，让人们看到了该做什么不该做什么，从而达到了齐桓公放粮和囤粮的目的。

ESS 策略启示

　　榜样的力量是无穷的，这种效应对于形成进化稳定策略具有奇效。这种情形在日常生活中随处可见。比如对先进人物的宣传与褒奖、对违法者施以制裁等，通过这些示范作用，让人们得知什么行为是值得提倡的，什么行为是绝对禁止的，久而久之，那些受到褒奖的与受到制裁的行为，都会形成一个进化稳定策略。

公共知识是某一群体对某个事实"知道"的结构，即在某个特定群体中，你知道某个事实，我也知道某个事实，而且"我知道这个事实"的事实为你所知晓，而"你知道这个事实"的事实也为我所知晓。这种情况下，这个"事实"就被称为你与我的"公共知识"。博弈论中，公共知识对由已知推断未知、由别人的反应推断自己当下的处境，以及减少交易成本等方面起着很大的作用。

第十四章

公共知识
将事实变为共识的博弈策略

明确公共知识，才能有效沟通

公共知识这个概念最初由逻辑学家刘易斯提出，之后由经济学家阿曼等用于博弈分析。它指的是一个群体之间对某个事实"知道"的关系。在日常生活中，许多事实是公共知识，如"所有人均会死"，这件事所有人均知道（智力障碍者及婴儿除外），并且所有人知道其他人知道，其他人也知道别人知道他知道……

有许多知识只有一些人知道，则不能称为公共知识。比如一些科学家知道的知识是其他人所不知道的，而且各个科学家知道的知识不同。可以说，知识的分布在各个人那里是不同的。

在博弈中，"每个参与者是理性的"，这是公共知识。为什么？因为这是博弈前提——也是我们的假定。在具体博弈中，参与者知道对方是理性的，同时知道对方知道自己知道对方是理性的，等等。参与者知道自己是理性的，他知道自己知道自己是理性的；同时参与者知道对方知道自己知道自己是理性的……

对博弈来说，"参与者是理性的"是起码的公共知识要求。对于像囚徒困境这样的博弈，双方不同策略下的支付也是公共知识；曹操和诸葛亮在华容道上在博弈双方的策略下的支付也是公共知识。

在有些博弈中，各种策略下的支付不能称为公共知识。比如在商战中，相互竞争的双方不知道对方在各种产量下的利润，此时，策略下的支付不是公共知识。

这里不分析社会行动者的知识结构，因为这非常困难。只是想说明，知识的不同是非常重要的。

　　一个群体中的每个人的知识是其现实行动的因素。在社会中，知识分布决定了社会的结构，当然，权力的分布和信息的分布是另外的决定行动的因素。在群体的行动中，公共知识改变了，群体的均衡便发生了改变。

　　上述分析有些抽象，读起来令人乏味，现在让我们来看看公共知识具体应用的例子。通过这个例子，你就能明白什么是公共知识，怎样用它来分析身边的社会现象。

　　《三国演义》第四十六回描述了赤壁之战前，周瑜与诸葛亮定计用火攻破曹操的故事，书中这样写道：

　　瑜邀孔明入帐共饮。瑜曰："昨吾主遣使来催督进军，瑜未有奇计，愿先生教我。"孔明曰："亮乃碌碌庸才，安有妙计？"瑜曰："某昨观曹操水寨，极是严整有法，非等闲可攻。思得一计，不知可否。先生幸为我一决之。"孔明曰："都督且休言。各自写于手内，看同也不同。"瑜大喜，教取笔砚来，先自暗写了，却送与孔明；孔明亦暗写了。两个移近坐榻，各出掌中之字，互相观看，皆大笑。原来周瑜掌中字，乃一"火"字；孔明掌中，亦一"火"字。

　　在诸葛亮和周瑜未在掌中写出"火"字之前，或者尽管他们在掌中写出"火"字但没有互相观看之前，火攻曹操为一个制胜的妙计是他们两个人都知道的，但是当时周瑜不知道诸葛亮已经知道这个策略，诸葛亮也未必知道周瑜已经知道这个策略。还有一种可能，诸葛亮知道周瑜知道这个策略，但周瑜以为诸葛亮不知道他知道这个策略。而当两人在手中写出"火"字并互相观看之后，那么他们不但彼此都知道这个策略，而且彼此都知道对方已经知道自己也知道了这个策略，因此"火攻"就是周瑜与诸葛亮的公共知识。

　　关于公共知识的解释，听起来好像绕口令，又有些乏味，但在生活中，如果错把一个并非公共知识的事实当成了公共知识，那么就会发生很多误会或麻烦。比如你要去一个陌生的地方拜访一个朋友，朋友告诉你路线：在某某处左转，到了某某处再右转，再过几个路口……在朋友看来，他交代得很清楚，但你听来却可能是一头雾水。为什么呢？因为朋友把你并不熟悉的环境当成了你们的公共知识，他以为你知道这里的环境，所以他那样一说，你马上就知道他家住在哪里。可是到了你去的时候，很可能在路上还是要给他打电话问路。这时指路的会认为问路的太笨，"怎么这么简单的话都听不明白"；而问路的又会抱怨指路的表达不清楚，"我又不熟悉这里的环境，你这样说让我如何去找"。如果双方都有些小心眼儿，就很可能产生不愉快的情绪。

公共知识启示

知识的分布在每个人那里是不同的，你熟悉的情形，别人不一定熟悉；你掌握的知识，别人不一定掌握；而别人知道的，你也不见得知道。更有可能的是，虽然你们彼此都知道，但又不知道"彼此都知道"这一事实；或者 A 知道，B 不知道，但 A 误以为 B 也知道且 B 知道 A 也知道……只有分清哪些是公共知识，在生活中才会尽可能地与他人进行有效的沟通，减少不必要的误会与摩擦。

谁也不能做你的镜子

约翰和杰克去清扫一个大烟囱。那烟囱只有踩着里面的钢筋踏梯才能上去，杰克在前面，约翰在后面，抓着扶手一阶一阶地爬上去了。下来时，杰克依旧走在前面。于是，钻出烟囱时杰克的脸上全被烟囱里的烟灰蹭黑了，而约翰脸上竟连一点烟灰也没有。

约翰看见杰克的模样，心想自己一定和他一样脏，于是就到附近的小河边洗了又洗。而杰克看见约翰干干净净，就以为自己也一样干净，只草草地洗了洗手就上街了。街上的人都笑痛了肚子，还以为杰克是个疯子呢。

杰克后来对儿子说："其实谁也不能做你的镜子，只有自己才是自己的镜子。拿别人做镜子，白痴或许会把自己照成天才。"

这个故事读来妙趣横生，发人深省。故事的最后一段话，固然可以说明自我观照的重要，但是我们难道真的不能把别人当自己的镜子吗？

在回答这个问题之前，我们先来看博弈论中一个著名模型：脏脸博弈。假定在一个房间里有三个人，三个人的脸都很脏，但是他们只能看到别人而无法看到自己。这时，有一个美女走进来，委婉地告诉他们说："你们中至少有一个人的脸是脏的。"这句话说完以后，三个人彼此看了一眼，没任何反应。

美女又问了一句："你们知道吗？"当他们彼此打量第二眼的时候，突然意识到自己的脸是脏的，因而三张脸一下子都红了。为什么？

当只有一张脸是脏的时候，一旦美女宣布至少有一张脏脸，那么脸脏的那个参与人看到两张干净的脸，他马上就会脸红。而且所有参与人都知道，如果仅有一张脏脸，脸脏的那个人一定会脸红。

在美女第一次宣布时，三个人中没人脸红，那么每个人就知道至少有两张脏脸。如果只有两张脏脸，两个脏脸的人各自看到一张干净的脸，这两个脏脸的人就会脸红。而此时如果没有人脸红，那么所有人都知道三张脸是脏的，因此在打量第二眼的时候所有人都会脸红。

即便没有美女的宣布，参与者也知道至少有一个人的脸是脏的。

为什么美女的一句看似无用的话，三个人就都知道自己的脸是脏的呢？这就是公共知识的作用。美女的话所引起的唯一改变，是使一个所有参与人事先都知道的事实成为公共知识。

在静态博弈里，没有一个博弈者可以在行动之前得知另一方的整个计划。在这种情况下，互动推理不是通过观察对方的策略进行的，而是必须通过看穿对手的策略才能展开。要想做到这一点，单单假设自己处于对手的位置会怎么做还不够。即便你那样做了，你会发现，你的对手也在做同样的事情，即他也在假设自己处于你的位置会怎么做。每一个人不得不同时担任两个角色，一个是自己，一个是对手，从而找出双方的最佳行动方式。为了对这一点加深了解，我们来看下面这个试题。

有 3 顶黑帽子、2 顶白帽子。让三个人从前到后站成一排，给他们每个人头上戴一顶帽子。每个人都看不见自己戴的帽子的颜色，只能看见站在前面那些人的帽子的颜色。最后那个人可以看见前面两个人头上帽子的颜色，中间那个人看得见前面那个人的帽子的颜色，但看不见在他后面那个人的帽子的颜色，而最前面那个人谁的帽子都看不见。

从最后那个人开始，问他是不是知道自己戴的帽子的颜色，如果他回答说不知道，就继续问他前面那个人。现在最后面一个人说他不知道，中间那个人也说不知道，当问到排在最前面的人的时候，他却说已经知道。为什么？

这是公共知识的机制在发生作用。最前面的那个人听见后面两个人都说了"不知道"，他假设自己戴的是白帽子，那么中间那个人看见他戴的白帽子就会做如下推理："假设我戴了白帽子，那么最后那个人就会看见前面两顶白帽子，因总共只有两顶白帽子，他就应该明白他自己戴的是黑帽子。但现在他说不知道，就说明我戴了白帽子这个假定是错的，所以我戴的是黑帽子。"问题是中间那人也说不知道，所以最前面那个人知道自己戴的是白帽子的假定是错的，所以推断出自己戴的是黑帽子。

在这个过程中，只有通过三个回合的揣摩，每个人才能知道其他人眼里看到的帽子的颜色，从而判断出自己头上的帽子的颜色。

公共知识启示

"想办法不使一个知识成为公共知识"是维持某种均衡的一个有效办法。正因如此，才会有"报喜不报忧"的现象。使一个知识成为公共知识，有助于人们识破谎言、走出幻境，从而更加清楚地认识客观形势与真实的自我。

小人的眼里没有君子

金庸在小说《雪山飞狐》中描写了李自成的卫士胡、田、苗、范四个家族阴差阳错结成世仇的故事，其中胡家是一派，另外三家是一派。苗家与田家交好，一次苗、田二人兴高采烈地结伴出行，可是从此不见归来。当时武林传言，二人是被他们的世仇辽东大豪胡一刀所害，苗、田的后人苗人凤与田归农还为此大举向胡一刀寻仇。可是后来，人们在一个藏有大批宝藏的冰山岩洞中发现了二人冻僵了的尸体，二人保持着生前最后的姿势——各执匕首插在对方身上，一中前胸，一中小腹，原来二人并非胡一刀所杀，而是见到洞中珍宝，皆欲独享而不愿与对方平分，因而同时出手将对方杀死。

为什么会出现这种局面呢，因为田、苗二人过于"理性"了。面对山洞中那笔巨大的财富，这两个昔日的"好友"同时想："我必须干掉对方，才能独吞这批财宝。"同时脑子里头又会迅速地进行着理性思考："我知道他知道我怎么想，我也知道他怎么想，并且我也知道他知道我怎么想……"这就是他们的公共知识。这时他们最好的选择就是要抢先下手，但是因为他们两个人思考速度一样快，理性程度一样高，所以就会同时下手，两个人就都死了，这也叫双死的均衡。

我们可以看到，让田、苗二人同时毙命的关键因素，就是公共知识的假设。还记得本书第二章中讲的囚徒困境吧？两个犯罪嫌疑人只要共同拒供，就可以避免坐牢，但现实中他们却不约而同地选择供认，"自愿"坐牢，这就是出于对"公共知识"的认识：无论我是否供认，对方都将供认；而且对方知道，无论他是否供认，我也将选择供认。也就是说，A 知道 B 知道这一情况，B 也知道 A 知道这一情况，而且 A、B 二人都知道彼此知道这一情况，所以二人同时选择供认而坐牢，这与《雪山飞狐》中田、苗二人见到宝藏同时杀死对方的推论方法如出一辙。

说到这种推论方法，我们就有必要讲述一下成语："以小人之心，度君子之腹。"春秋时，有一年冬天，晋国有个梗阳人到官府告状，梗阳大夫魏戊无法判决，便把案子上报给了相国魏献子。这时，诉讼的一方把一些歌女和乐器送给魏献子，魏献子打算收下。魏戊对阎没和女宽说："主人以不受贿赂闻名于诸侯，如果收下梗阳人的女乐，就没有比这再大的贿赂了，您二位一定要劝谏。"阎没和女宽答应了。

退朝以后，阎没和女宽等候在庭院里。开饭的时候，魏献子让他们吃饭。等到摆上饭菜，这两人却连连叹气。饭罢，魏献子请他们坐下，说："我听我伯父说过，吃饭的时候忘记忧愁，您二位在摆上饭菜的时候三次叹气，这是为什么？"阎没和女宽异口同声地说："有人把酒赐给我们两个小人，昨天没有吃晚饭，刚见到饭菜时，恐怕不够吃，所以叹气。菜上了一半，我们就责备自己说：'难道将军（魏献子兼中军元帅）让我们吃饭，饭菜会不够吗？'因此再次叹气。等到饭菜上齐了，愿意把小人的肚子作为君子的内心，刚刚满足就行了。"魏献子听了，觉得阎没和女宽是用这些话来劝自己不要受贿，就辞谢了梗阳人的贿赂。

"以小人之心，度君子之腹"这句成语，就是从上面的故事演化而来的，它常用来指拿卑劣的想法推测正派人的心思。为什么会有人"以小人之心，度君子之腹"呢？其原因被《笑傲江湖》中"君子剑"岳不群一语道破："自君子的眼中看来，天下滔滔，皆是君子。自小人的眼中看来，世上无一而非小人。"也就是说，"世上无一而非小人"在小人看来是公共知识，因此他就会以为君子的想法与他的想法相同。实际上，无论对方是君子还是小人，如果你一味地坚持"绝对理性"的小人之心，无非是让人更加确定你是个小人而已。

公共知识启示

　　带着偏见去看一个人，那么这个人一定没有优点。我们衡量一个人、推断一个人，要善于用自己的眼睛去看，用耳朵去听，用头脑去思考，不要凭借第一印象，更不能用固有的标准。站在别人的立场上多想想，你就会发现，或许自己还不如对方。

如果参与交易的一方对另一方了解不充分，那么双方便处于不平等地位，博弈论称之为"信息不对称"。拥有信息多的一方在博弈中占尽优势，而拥有信息量少的一方则处处被动。信息经济学认为，信息不对称造成了市场交易双方的利益失衡，影响了社会公平、公正的原则以及市场配置资源的效率。没有信息优势的一方为了降低信息不对称对自己的不利影响，可以通过一定的信息甄别机制，将另一方的真实信息甄别出来，从而实现有效率的市场均衡。

第十五章

信息博弈
知己知彼的博弈策略

充分运用信息不对称

西汉时期，北方匈奴势力相当强大，不断兴兵进犯中原，"飞将军"李广此时正任上郡太守，奉命抵挡匈奴南进。有一天，皇帝派到上郡的一位使者（宦官）带人外出打猎，不想却遇到三名匈奴兵的袭击，其他人都死了，只有宦官受伤逃回。李广大怒道："这一定是匈奴人的射雕手。"于是亲自率领一百名骑兵前去追击。一直追了几十里地，终于追上了他们，结果射杀了两名，活捉了一名。可是正当准备回营时，忽然发现有数千名匈奴骑兵已经浩浩荡荡地向这里开来。匈奴队伍也马上发现了李广，但看见李广只有百名骑兵，以为是为大部队诱敌的前锋，一时不敢贸然攻击，就急忙上山摆开阵势，观察动静。

李广的骑兵们非常恐慌，而李广却沉着地稳住了队伍，他对大家说："我们现在只有百余骑，离我们的大营有几十里远。如果我们逃跑，匈奴肯定会立即追杀我们。如果我们按兵不动，敌人肯定会疑心我们后面有大部队，他们绝不敢轻易进攻。现在，我们继续前进。"到了离敌阵仅二里远的地方，李广下令："全体下马休息。"士兵们于是卸下马鞍，悠闲地躺在草地上休息，看着战马在一旁津津有味地吃草。这时匈奴部将感到十分奇怪，便派了一名军官出阵观察形势。李广立即命令大家上马，冲杀过去，一箭就射死了这名军官，然后又回到原地，继续休息。

匈奴部将见此情形，更加恐慌，料定李广如此胸有成竹，附近定有伏兵。当天黑下来以后，李广的人马仍无动静。而匈奴部将怕遭到大部队的突袭，慌慌张张地引兵逃跑了。这样，李广的百余骑最终得以安全地返回大营。

可见，在展开心理博弈时，一定要充分掌握对方的心理和性格特征，切记不可轻易出险招。因为"信息不对称"的维持时间是有限的，如果没有实力做后盾，战果可能是有限的，有一则商战的例子就很好地诠释了这一点。

日本松下公司是由松下幸之助创办的一个大型电器王国，但是松下在创立的70多年中，也多次遇到生存危机，其中有一次发生在20世纪50年代的经济危机中。当时日本出现经济大滑坡，不少企业已经难以支撑，松下也不例外。为此，松下公司召开了董事会研究对策。很多人提出公司应该裁员一半，此消息一出，更是闹得人心惶惶。一起与松下做生意的公司，也在看着松下如何动作，看松下用什么办法渡过难关。

偏偏就在这个时候，松下幸之助患病住院了。于是，商界传出许多谣传，说松下已经病倒了，松下公司对渡过难关没什么办法了。公司的两位高级总裁到医院去看望松下，想问问他有何对策，没想到松下却语出惊人："我已经决定一个人也不减！不仅如此，职员们还要改为半天上班，但工资仍按以前发全天的。"

看到两位高级总裁十分疑惑，松下幸之助接着说："如果我们减人，别人就看出了我们的困难。他们就会趁机和我们讲条件，如果我们不减人，则向外界表明，我们是有实力的，也是十分自信的，别人就不敢小看我们，不敢和我们竞争。"那两位总裁还是有些担心，但既然松下幸之助已经决定了，大家只好按照吩咐去做。

两人回到总部，集合全体员工，一级一级地向下传达松下幸之助的决定。员工们听到这个决定都高声欢呼起来，几乎所有的人都发誓要尽全力为公司效力，公司上下出现了万众一心、共渡难关的场面。而当外界听到松下公司不减一人，而且只上半天班、发全天工资的做法时，也顿感松下不愧是日本第一大公司，定有灵丹妙药和回天之力。结果，人心稳定之后，大家人人上阵，全力工作，只用了两个月，松下的产品又全部推销出去了。不但停止了半天工作制，而且还要加班加点才能把大批订货做出来。

处变不惊，从容应对，这便是松下高人一筹的地方。不过松下的实力也正是松下幸之助获得成功的最大保证。总之，要跟对手玩"信息不对称"，时间是需要好好把握的，心理素质要过硬，敢于打破常规，自身实力也是越强越好。

信息博弈启示

信息掌握得越快、越充分，获得胜利的可能性就越大。当一方占有信息优势的时候，一定要及时、果断地出手，充分地把握、利用这个时间差，这样才可能取胜。另外，要同对方玩"信息不对称"，自己也要有过硬的心理素质，不然可能就要露出马脚了。

隐藏对自己不利的信息

让我们共同来看一下《三国演义》中的空城计：马谡拒谏失街亭，蜀军由攻转守，形势大变。魏军十五万直取蜀军指挥部西城，城中仅剩诸葛亮等文官与二千五百军士。危急时刻，诸葛亮传令偃旗息鼓，门户大开，众老军旁若无人，低头洒扫于城门之下；诸葛亮焚香操琴于城门之上。司马懿自马上远远望之，见诸葛亮笑容可掬，不由得怀疑其中有诈，立即叫后军作前军，前军作后军，急速退去。

一座空城，吓得司马懿望风而逃。两大高手的第一次交锋，以诸葛亮的胜出而暂告结束。事后，双方都对自己的策略选择做出了解释：面对司马昭"莫非诸葛亮无军，故作此态，父亲何故便退兵？"的疑问，司马懿的解释是"亮平生谨慎，不曾弄险。今大开城门，必有埋伏。我兵若进，中其计也"。而司马懿退兵后诸葛亮面对"无不骇然"的众官说"此人（司马懿）料吾生平谨慎，必不弄险；见如此模样，疑有伏兵，所以退去。吾非行险，盖因不得已而用之"。

空城计可以视为一个典型的信息不对称博弈。在这里，诸葛亮可以选择的策略是"弃城"或"守城"。无论是"弃"还是"守"，只要司马懿明确知道诸葛亮的情况，那么诸葛亮必然要被他所擒。可是问题的关键在于，司马懿不知道自己和诸葛亮在不同行动策略下的选择，而诸葛亮则是知道的。也就是说，二人对博弈结构的了解是不对称的，诸葛亮比司马懿拥有更多信息，他知道自己兵微将寡，而司马懿并不知道这一事实。同时诸葛亮又打出了"偃旗息鼓，大开城门"的心理战以干扰司马懿的判断，从而让司马懿相信进攻有较大的失败可能。

根据司马懿已经掌握的信息，诸葛亮一生行事谨慎，必不弄险，只有设下埋伏才能如此镇定自若，因此，退却比进攻更为合理。有人说司马懿因为过于谨慎而错失了活捉诸葛亮的良机，但是如果我们从博弈论的观点来分析，却可以发现司马懿的策略选择并无过错。比如让你在"有50%的可能获得100元钱"与"有10%的可能获得300元钱"之间进行选择，你会选择哪一个呢？如果你是理性的，当然会选前者，因为前者的期望所得为50（100×50%）元，而后者则为30（300×10%）元。也就是说，在空城计的博弈中，司马懿之所以选择退兵，是因为以他对诸葛亮的了解，诸葛亮没设埋伏的可能性为50%，而诸葛亮手中无兵的可能性只有10%，因此他认为冒险的成本太高。

但是，如果司马懿能够看到唐朝柳宗元所写的寓言《黔之驴》，恐怕"空城计"就会是另一个结果。这个寓言是说，由于老虎没有见过驴子，不知驴子为何方神圣、本事到底有多大，因此不敢轻易冒犯，只是远远地暗中窥探。几经试探，老虎没有发现这个"庞然大物"有什么稀奇古怪的地方，于是又往前凑了凑进行试探，谁知惹恼了驴子，驴子抬腿就踢老虎。老虎终于因此得到准确信息——原来你就这么点本事，于是扑上前把驴子吃掉了。

我们再回来看"空城计"，如果司马懿不进攻也不退兵，等着诸葛亮出招，会是一种什么结局呢？或者司马懿做好随时退兵的准备，但是先派小股部队进行试探性攻击，相信会像《黔之驴》中的那只老虎一样，很容易就能探明诸葛亮的虚实。

信息博弈启示

在博弈中，应该极力隐藏对自己不利的信息，不使对方知悉自己的真假虚实，从而利用信息不对称原理使对方做出有利于自己的策略选择。比如一位男士在与一位女士初次约会时，总要穿得尽量整洁；而另一方面，当你因掌握信息不全面而难以决断时，你可以通过试探的手段知悉对方的"庐山真面目"，须知，一个人的本性如何，是无法长期伪装的。

有效地传递出正面信息

初唐大诗人陈子昂年轻时从家乡四川来到都城长安，准备一展鸿鹄之志，然而朝中无人，他怀才不遇，四处碰壁，忧愤交加。

一天，陈子昂在街上闲逛，见一人手捧胡琴，以千金出售，观者中达官贵人不少，然不辨优劣，无人敢买。陈子昂灵机一动，立刻付钱买下了琴，众人大惊，问他为何肯出如此高价。陈子昂说："我生平擅长演奏这种乐器，只恨未得焦桐，今见此琴绝佳，千金又何足惜。"众人异口同声道："愿洗耳恭听雅奏。"陈子昂说："敬请诸位明日到宣阳里寒舍来。"

次日，陈子昂住所围满了人，陈子昂手捧胡琴，忽地站起，激愤而言："我虽无二谢之才，但也有屈原、贾谊之志，自蜀入京，携诗文百轴，四处求告，竟无人赏识，此种乐器本低贱乐工所用，吾辈岂能弹之！"说罢，用力一摔，千金之琴顿时粉碎。还未等众人回过神，他已拿出诗文，分赠众人。众人为其举动所惊，再见其诗作工巧，争相传看，一日之内，便名满京城。不久，陈子昂就中了进士，官至麟台正字，右拾遗。

陈子昂所采取的策略，在博弈论中被称为"信息传递"，也就是向公众或特定的人发送某种信号，使人认识到你的价值，或者了解到你的某种特性。

信息传递策略在社会生活中有着广泛的应用。我们都知道新加坡有"花园城市"之美誉，它最吸引人的地方就是其良好的绿化环境，这已成为其重要的旅游吸引力之一。但这不是自然的巧合，而是精心规划的结果。当新加坡还很贫困时，前总理李光耀是靠修剪整齐的灌木丛吸引到外资的。李光耀要求，从机场到各大饭店的道路一定要好好维护、整修，而他这么做则是为了让外国商人觉得新加坡人"能干、守规矩又可靠"。

经过精心修剪的灌木丛当然无助于增加已有跨国公司在当地的投资，可是对于那些潜在的外国投资者来说，他们来到新加坡最先看到的便是从机场到饭店的灌木丛，而且与了解新加坡当时的贫穷或落后相比，这种整齐的灌木丛更容易看到。这些精明的投资者当然明白，新加坡当局知道他们会观察从机场到饭店这条路的路况，因此，如果新加坡人连花工夫去整理这条路都做不到，这就表示这个国家将来也不会费心给外资制定什么优惠政策。这些灌木丛就是新加坡要传递给外人看的直接信息，也就是第一印象，可见第一印象对于人们做出判断是多么重要。

我们常常会通过封面来判断一本书的质量。虽然评价书的内容要花一点时间，但封面的包装却只要几秒钟便能够掌握。因此，一本书的封面制作得是否新颖、独特，对于这本书的销量会产生很大的影响。这也说明，信息只有通过有效的途径传递出去，并切实传递给你心中接收信息的对象，你的目的才能达到。

在非洲大草原上，当瞪羚看见猎豹时，因为害怕被吃掉，会试图逃跑，不过，当瞪羚发现猎豹时，反而经常会尽力跳向空中。瞪羚为什么要向猎豹展示它的跳高才艺呢？因为它想通过跳高向猎豹传递一种信息：我可以轻易地摆脱你的追逐，因此你最好不要浪费体力试图扑杀我。猎豹虽然无法直接看出潜在猎物的体能，但它可以观察猎物的表现。假设猎豹没什么机会抓到使出这一绝招的瞪羚，那么不去追跳跃的瞪羚对猎豹来说就是"理性"的做法。如果瞪羚在跳跃时所消耗的体力比逃跑时更少，那么跳跃在进化上就是很明智的策略。这就像一个武师拿起一块砖头砸向自己的脑门，自己安然无恙而砖头粉碎，他是通过这种行为告诉挑衅者：我不是好惹的，要是你的脑袋没有砖头硬，那么最好不要惹我。

信息博弈启示

中国有句俗语叫"有粉擦在脸上"，意思是说，只有把粉擦在脸上才能增添你的美丽。脸面是给人看的，如果把粉擦在别的地方，让人很难看到，擦粉也就失去了意义。信息传递也是一样，以最直观、最易懂的方式表现出来，才能收到最好的效果。

制造虚假信息，迷惑对手

在博弈中，为了防止和干扰对方对己方信息的搜集和获取，己方就有必要将一些虚假信息"如实"地传递给对方，而如何完成这一工作，就不妨由对方派出的间谍来代劳了。这也即"反间计"的妙用：在发现敌人派来进行刺探和破坏的间谍时，为了借机离间敌人，获得情报，可以利用优厚的待遇收买他，也可以假装没有发现，故意把假情报透露给他，这样敌人派来的间谍反为我所用，使我能在不受损失的情况下达到战胜敌人的目的。

南宋初期，当时的宋高宗害怕金兵而不敢抵抗，朝中投降派得势。可是主战的著名将领宗泽、岳飞、韩世忠等人却坚持抗击金兵，使金兵不敢轻易南下。公元 1134 年，韩世忠奉命镇守扬州。南宋朝廷派魏良臣、王绘去金营尝议和，当二人北上时正好经过扬州。韩世忠心里极不高兴，还生怕二人为讨好敌人泄露军情；可他转念一想，何不利用这两个家伙传递一些假情报给敌人呢。于是，等二人经过扬州时，韩世忠便故意派出一支部队开出东门。二人看见，便好奇地忙问军队去向，有士兵回答说是开去防守江口的先头部队。接着二人就进了城，见到韩世忠。忽然一再有流星庚牌送到，韩世忠故意让二人看，原来是朝廷催促韩世忠马上移营守江的。

第二天，那二人离开扬州前往金营。为了讨好金军大将聂呼贝勒，他们果然告之他韩世忠接到朝廷命令，已率部移营守江。金将于是送二人往主帅金兀术处谈判，自己则立即调兵遣将准备南下。他们认为韩世忠既然已经移营守江，那么扬州城内一定空虚，正好夺取，所以聂呼贝勒亲自率领精锐骑兵向扬州挺进。而韩世忠送走二人，急令"先头部队"返回，在扬州北面大仪镇的二十多处地点设下埋伏，形成包围圈以等待金兵。很快，金兵大军就到了，韩世忠便率领少数士兵迎战，他们边战边退，直把金兵引入伏击圈。这时，只听一声炮响，宋军伏兵从四面杀出，金兵顿时乱了阵脚，被打得一败涂地，只得仓皇逃命。而金兀术听到失败的消息后大怒，将送"假情报"的两个投降派也给囚禁起来。

韩世忠这一招"反间计"运用得就非常巧妙，既打击了金人，也打击了投降派。在军事上是这样，在商战中这样的事例也很多。

19 世纪中后期，当在美国的泰塔斯维的广大旷野上发现了如黄金一样宝贵的石油时，这里顿时成为人们"淘金"的天堂。起初，为了维护自己的利益和抑制过于浮动的石油价格，泰塔斯维的一些生产商们便组织了生产者同盟，这个组织的中坚人物叫亚克波多。生产者同盟最初拟定了"每桶 4 美元"的原油保护价，可是后来随着开采量的提高，原油日产量由 12 万桶猛增到 16 万桶，结果油价暴跌，保护价已成为一纸空文。再加上过度投资所带来的种种竞争，生产厂家面临着非常困难的境地。此时，生产者同盟发现生产严重过剩后，便决定采取半年内不准开采新油井的管制措施，希望这样可以缓解石油过剩的危机。

就在这时，"石油大王"洛克菲勒开始把手伸向泰塔斯维。他先是做了一个令人费解的决定：以高价收购原油，每桶 4.75 美元。接着，

金钱利益迅速瓦解了生产者同盟的"自我约束"，人们不再顾及什么
"不准开采新井"的禁令，纷纷开采新井。而与此同时，洛克菲勒又
派出大批背包里塞满了大量现金的掮客，去怂恿人们同他的公司签订
供货合同，在现金的诱惑下很多人纷纷就范。可是令人们没想到的是，
当洛克菲勒的公司购入了20万桶原油后，他竟突然宣布解除合约。
这时疯狂投资、开采的结果已使原油的日产量高达5万桶，那么无论
洛克菲勒的石油公司愿出每桶2美元或更低，人们也都只能乖乖听其
摆布了。

两年后一家名叫"艾克美"的新公司在泰塔斯维成立，所有者却
是亚吉波多。新公司很快开始收购同类行业的股票，人们这时才醒悟，
亚吉波多原来早就被洛克菲勒收买了，他们都成了牺牲品。

信息博弈启示

为了达到自己的目的，有时不妨做些出人意料的举动，让人
相信自己的"假"就是"真"；要尽力不使人产生怀疑，巧妙传递
信息，依靠"信息不对称"，制造敌人内部的矛盾；使用一些打破
思维定式的招数，让对手摸不清己方的虚实，就可以赢得胜利。